空から提言する 新しい日本の防衛

日本の安全をアメリカに丸投げするな

織田邦男
元空将・麗澤大学特別教授

ワニ・プラス

はじめに

「まさか」でなく「もしや」で考えるべき安全保障

安全保障を考える時、「まさか」と捉えるのではなく、「もしかして」と捉え、それに備えておく姿勢が大切。現役自衛官時代に教えられた心構えだ。昨年（2022年）の2月24日まで、まさか20世紀のような戦争が再び起きるなど、誰も想像すらしていなかっただろう。

ウクライナも「もしかして」と準備しておけば、ロシアの侵略を抑止できたかもしれない。この心構えが安全保障の「王道」であることを、ウクライナ戦争は教えてくれた。だが言うは易いが、行うことは難しい。軍事アレルギーがあり、安全保障への理解度が低い日本においては特にそうだ。

「汝、平和を欲するなら、戦争を準備せよ」という格言は有名である。だが、日本でこれを唱えた途端、「好戦者」「極右」「軍国主義者」のレッテルを貼られてしまう。お偉い学者さんが集まっているはずの日本学術会議が、「軍事研究」をしてはならぬと、とんでもない要求を国民に突き付ける。

2つの共産主義国家に囲まれ、3つの独裁国、核保有国に囲まれる日本。核弾頭数が世界で最も増加しつつある東アジアに位置する日本。こんな危険な安全保障環境下にあって、二度と核の被害を受けぬよう、非核三原則の見直しを含め、核抑止戦略をゼロベースで議論しようと言った途端、村八分よろしく白眼視され、爪弾はじきにされてしまう。

日本では、「もしかして」と考えることすら、なかなかできない現実にある。安全保障はワシントンに丸投げし、金儲けに専念してきた77年。2世代にわたって安全保障を考えてこなかったツケが、莫大な利息をつけて今、現れている。

ゼレンスキー大統領は、今でこそ救国の「戦時指導者」として「英雄」になっている。だが、開戦前に「防衛力の抜本的強化」を怠って、プーチン大統領の邪《よこしま》な考えを抑止できなかった。この責任を問う声は、なぜかあまり上がらない。

「危機を未然に防止する者は、決して英雄になれない」という言葉がある。危機は未然防止が最善であり、起こった後の英雄的行動は次善である。我々に「英雄」はいらない。「台湾有事」が取り沙汰される中、「英雄」が生まれることのないよう、強力な防衛力を構築し、習近平主席に誤算を生じさせないようにしなければならない。

安全保障議論が深まらない「不満とストレス」

最近になって、多くの国民はここまでは何とか理解するようになったように思う。だが、さて具体策となると「憲法改正はちょっと……」「防衛費増額はねえ……」「反撃能力は、う〜ん……」となる人が多い。

筆者は35年間務めた航空自衛隊を退官してから、すでに14年が経つ。現役自衛官には言論の自由がない。職業柄、それはやむを得ない。

さはさりながら、世間のあまりにもピントが外れた防衛論議に業を煮やすことも多かった。不満やストレスが溜まり、挙句の果てには、あきらめと無力感に苛《さいな》まれた。

退官後は、その憂さを晴らすように、書き、話し、出演し、言論の自由を謳歌してきた。自衛隊での実体験を踏まえ、日本の直面する安全保障問題について、様々なメディアを使って問題提起をしてきた。

2021年からは産経新聞「正論」の執筆メンバーにも選ばれ、多くの安全保障問題を取り上げてきた。２０２２年には幸運にも、「正論大賞」という実力不相応な賞までいただいた。

だが、筆者の論考が社会や政界に与える影響力たるや、ほんの微々たるものだ。溜まる「不満とストレス」は、結果的に現役時と変わらない。「諦めの境地」が精神的安定剤となっている。

数年前から、書いた論考を本にして残すべきという出版業界や有識者からの助言をいただくようになった。だが、「諦めの境地」を覆す気力もなく、「本を書くような能力も体力もありません」「本にしたところで『安全保障』は売れませんよ」「論考はネットにアップしていますから、それで十分です」と固くお断りしてきた。

木で鼻を括ったような筆者の応対に、ほとんどの人は諦めた。だが、フリー編集者の梶原麻衣子氏だけは違っていた。この本は、梶原氏の誠意ある口説き文句と熱心な態度に根負けして出来上がった一冊である。

梶原氏が、これまで筆者が書いてきた論考を読み込み、その中から、未だ賞味期限が切れていないものをピックアップしてとりまとめ、それに筆者が加筆、修正してできたのがこの本である。

煩雑で膨大な作業をされた梶原氏には、その高い能力に敬意を表すると共に、心から厚く御礼を申し上げたい。

自分の書いた論考は、いったんメディアに載ると、あまり読み返したいと思ったことはない。今回、改めて読み直してみると、自画自賛になって恐縮だが、近年の安全保障関連事項とそれに対する筆者の考えが割合理解しやすく書かれてある（ような気がする）。だが、かけた労力の割に、どれだけ世間への影響力があるかについては、全く自信はない。

戦後の迷妄を開き、当たり前の安全保障議論を

この論考を通じて、筆者の主張したかったことは一つ。戦争は絶対起こしてはならない、起こさせてはならない。そのために我々は何を為すべきかということである。

戦争が起きると被害は天文学的数字に膨れ上がる。何より、戦争を終わらせることは、戦争を始めるより遥かに難しい。戦争が長引けば長引くほど、死傷者は増え続け、インフラは破壊される。亡くなった死者は二度と帰ってこない。傷ついた身体は元に戻らない。戦後復興は気の遠くなるような事業である。まさに今日、ウクライナ戦争で目の当たりに

している。

防衛費が高すぎるとの声をよく耳にする。だが、戦争を抑止するために、必要なリソースを必要なだけ突っ込む方が、よほど安価で安全なのである。戦後77年間、当事者意識なく与えられた平和を享受してきた日本国民には、これがなかなか理解されない。

米国は、相対的に力に陰りが出てきつつあり、「世界の警察官」を辞任してから久しい。他方、30年間で約40倍に軍拡してきた中国が、覇権主義的、拡張主義的、独善的姿勢を益々強くしてきた。

日本は戦後、最悪の安全保障環境にある。台湾有事が取りざたされる昨今、そろそろ戦後の迷妄を開き、当事者意識を持って現実を直視しなければならない。国民一人一人が我が国の安全保障を考える。諸外国では当たり前のことだ。我が国の平和と独立を保ち、繁栄していく最低限の条件である。この本が、その一助にでもなれば、望外の喜びである。

2023年7月　織田邦男

第一章　日本を取り巻く戦後最悪の安保環境

第二章

台湾有事目前！「力の信奉者」中国の野望

第三章

新たな抑止力としての日米同盟とNATO

第四章

改憲で実現すべき「軍事力による安全」

第五章 国民の意志こそが国防の「最後の砦」

第一章

日本を取り巻く戦後最悪の安保環境

世界で最も軍拡の激しい日本周辺

日本は現在、戦後最悪の安全保障環境に直面している。

ロシアは２０２２年２月24日、ウクライナ侵略戦争を始め、１年半が過ぎようとする今も、いまだ出口が見えない。ロシアは、20世紀のような古典的戦争が、いまだに起こり得るという事実を世界に突き付けた。国連の常任理事国が、核をチラつかせながら力による現状変更、つまり侵略戦争を始めれば、誰にも止められない。国連はまったく無力で、醜態を晒《さら》し続けている。ロシアの行為は国際社会を揺るがし、約30年続いた「ポスト冷戦」の終焉《しゅうえん》を印象付けた。

中国は「偉大なる中華民族復興の夢」を掲げ、台湾の武力併合を否定しない。２０２２年10月の共産党大会で、習近平《しゅうきんぺい》国家主席は「台湾問題を解決して祖国の完全統一を実現することは、党の揺るぎない歴史的任務だ」と力強く語った。看過できないのは、「武力行使の放棄は決して約束しない」と強調したことだ。

中国は国防費を30年間で42倍、10年間で２・３倍に伸ばすという驚異的な軍拡を続けてきた。さらに中国は通常兵器のみならず、核兵器でも米国を凌駕《りょうが》しようとしている。２０

21年12月、ロイド・オースティン米国防長官は、「中国は2030年までに核弾頭を約1000発に増勢し、核戦力の3本柱（地上配備、潜水艦発射、戦略爆撃機搭載）強化を目指している」と述べた。2022年11月、米国防総省は報告書を公表し、中国が現在の増強ペースを維持すれば、2035年には核弾頭が1500発まで増強される可能性が高いと上方修正した。加えて通常戦力も米軍に追いつきつつある。海軍の艦艇数ではすでに米海軍を凌駕した。

その自信の表れか、外交ではますます居丈高な態度が顕著になり、2023年4月には、台湾の蔡英文《さいえいぶん》総統の訪米を非難し、台湾を包囲する軍事演習を大々的に行っている。台湾は中国に一国二制度を反故《ほご》にされた香港を見て、「今日の香港、明日の台湾」と危機感を募らせてきた。だが今では「今日のウクライナ、明日の台湾」と中国による軍事侵攻への警戒をさらに強めている。

北朝鮮は2022年、実に37回、約70発もの弾道ミサイルを日本海などに向けて発射した。2023年に入ってからも、依然として発射が相次いでいる。2023年4月には、衛星打ち上げを事前通告。日本政府はミサイル発射の可能性を考慮し、初めて「破壊措置命令」を出すとともに、沖縄へのPAC3配備の指示を出した。結果的に打ち上げは失敗に終わったが、北朝鮮は早期の再打ち上げを宣言している。

北朝鮮の核弾頭保有数は推定で40〜50発とされ、7回目の核実験も準備中と言われる。アメリカの譲歩を引き出すためのミサイル発射・核実験宣言ではなく、体制存続のための命綱である軍事体制の強化を行っている。

日本はこうした国々に囲まれている。世界で最も軍拡が激しい国々と接しているのが日本なのであり、世界で最も核の脅威に晒されている国なのである。

安保3文書が明確にした「国防」の本意

こうした危機に直面し、日本政府は2022年12月、安全保障関連3文書（国家安全保障戦略、国家防衛戦略、防衛力整備計画）を閣議決定した。同月16日の米紙ウォール・ストリート・ジャーナルは「The Sleeping Japanese Giant Awakes（〝眠れる巨人〟日本が目覚める）」とする社説を掲載し、日本の歴史的な変化であるとして、政治的リスクを取った岸田首相を高く評価した。

国家安全保障戦略（以下、安保戦略）では、パワーバランスの歴史的変化と地政学的競争の激化に伴い、国際秩序は重大な挑戦にさらされており、その認識の元、国際協調を旨とする積極的平和主義を維持しつつ、我が国を守る第一義的な責任は我が国にあるとして、安全保障上の能力と役割を強化するとした。

国家防衛戦略は、従来の防衛計画の大綱に代わるものとして新たに策定された。従来のような防衛計画の方向性を示すだけでなく、安保戦略を達成するための目標を設定し、具体的アプローチと手段を明示している。

今回の3文書の特徴は、国家防衛が防衛省の専権事項ではなく、国家が総力を挙げて取り組むものであることを改めて明確にしたこと、そして我が国への武力攻撃に対する抑止力向上のカギとして「反撃能力」の整備を明記するとともに、今後5年間で関連経費を含む防衛費を国内総生産（GDP）比2％まで引き上げる方針を明示したことである。

これは憲政史上最長内閣となった安倍政権でも成し遂げられなかったことであり、積極的に評価したい。

国益実現のため、防衛力のみならず外交、経済、技術、情報といった諸力を総合的に用いた戦略的アプローチを重視し、サイバー、海洋、宇宙を含む全領域で安全保障に取り組むこととしており、現実的でバランスの取れた優れた戦略と言える。

だが、気になる点もある。

我が国にとって最大の懸念は中国の動向だ。これについては次章で中国、特に中国共産党の歴史を追いながらその脅威を解説するが、ここでも少し触れておこう。

2023年3月から、習近平による3期目の政権が始まった。党大会では対立も指摘されてきた胡錦濤《こきんとう》前主席が無理やり会場から退席させられる場面が全世界に放映されたが、これが象徴するように、習近平は人事でも側近をイエスマンで固め、独裁色をさらに強めた。透明性を欠く軍拡を背景とした、力による一方的な現状変更の試みは、その権威主義的、拡張主義的傾向と相まって、我が国のみならず国際社会の懸念材料となっている。

安保戦略ではこうした中国の姿勢を「最大の戦略的挑戦」と見做《みな》してはいるが、「脅威」とは表現していない。これはアメリカの安保戦略が中国の姿勢を「挑戦」と書いたのと歩調を合わせたのだろう。だが、米国と日本では地政学にも脅威認識が違って当然である。にもかかわらず歩調を合わせることを優先する。腰が引けている感は否めない。

安保戦略「最大の欠陥」とは

さらに、安保戦略には最大の欠陥があることも指摘せざるを得ない。それは何か。

安保戦略の最大の欠陥とは、「核抑止戦略」が欠如していることだ。先にも述べたように、ロシアの核恫喝《どうかつ》や中韓の核保有の実態から、米国による拡大抑止戦略や核不拡散体制は崩壊しつつある。にもかかわらず、安保戦略は31ページもの労作でありながら、日本の核抑止戦略はないに等しい。

〈核を含むあらゆる能力によって裏打ちされた米国による拡大抑止の提供を含む日米同盟の抑止力と対処力を一層強化する〉

わずかにこの一文である。続いて〈具体的に〉とあり、〈日米の役割・任務・能力に関する不断の検討を踏まえ、日米の抑止力・対処力を強化するため同盟調整メカニズムの調整機能をさらに発展させつつ、領域横断作戦やわが国の反撃能力の行使を含む日米間の運用の調整、相互運用性の向上、サイバー・宇宙分野等での協力進化……〉と続くものの、核抑止戦略の具体策とはとても言えない。

中国、ロシア、北朝鮮という核・ミサイルを保有する独裁国家に囲まれる環境、しかもその戦略環境がますます悪化することが予見される状況下にあって、具体的な「核抑止戦略」の欠如は欠陥と言わざるを得ない。

なぜそうなってしまうのか。安保戦略に〈非核三原則を堅持〉とあるのは、「核兵器のない世界」の実現をライフワークとする岸田首相に忖度《そんたく》したこともあるのだろう。岸田首相は「私は被爆地・広島の出身であり、非核三原則を厳守する」としばしば語っている。

２０２３年５月末には、日本が議長国となるＧ７サミットが広島で開催された。岸田首相のイニシアティブで「核軍縮に関するＧ７首脳広島ビジョン」が公表された。また核軍縮の機運を高める取り組みとして、全首脳で広島平和記念資料館を訪れ、被爆地・広島から「核兵器のない世界」に向けた取り組みの重要性を世界に発信した。

それはそれで結構なことだ。だが「被爆地・広島」出身だから「非核三原則を守る」という発言は、日本の防衛に責任を有する総理大臣の発言としては甚だ不適切である。唯一の被爆国であるからこそ、重要なのは「二度と核の被害を受けないための備え」でなければならない。

岸田首相は２０２３年１月、安保３文書について「国民の命を守り抜けるかという観点から防衛力の抜本的強化を具体化した」と答弁した。同様に、「非核三原則が『国民の命を守り抜く観点から』最良の政策であるから、これを厳守する」と言うならいい。だが国際社会の現実はそうなっていない。

安保戦略の冒頭にある安全保障の基本原則という項に〈非核三原則を堅持〉と明記したことにより、核の脅威から日本を守るオプションを自ら縛り、思考停止してしまっている。

せっかくの安保戦略だけに、極めて残念である。

今回の3文書策定の目的が「反撃能力の保有」「防衛予算GDP比2％」の実現にあったために、政争の具になりかねない非核三原則や核抑止議論にはできる限り触れたくない、という思惑が政府側に働いたのかもしれない。

だが、せめて「核の傘」の信頼性、実効性向上の方向性、そして情勢急変の際の対処方針くらいは盛り込むべきではなかったか。

安保戦略は「おおむね10年の期間を念頭に置く」とある。今後10年間、「非核三原則」を金科玉条として神聖不可侵化し、自縄自縛に陥って柔軟性を欠くのは、はなはだ危険である。早晩「米国による拡大抑止の提供」を念仏のように唱え続けることは、できなくなる可能性があるのだ。

ジョー・バイデン米国大統領は2023年1月14日、日米首脳会談で反撃能力の保有を含む日本政府の抜本的な防衛力強化を高く評価した。だが核抑止については、日米共同声明で「核を含むあらゆる能力を用いた、日米安全保障条約第5条下での、日本の防衛に対する米国の揺るぎないコミットメントを改めて表明した」とするのみで、そっけない対応に終始した。

日本が米国に対し、新たに何も要求しなければ、こうした対応になるのも当然のことだろう。

非核三原則については、「被爆国だから」といった感情論に流されるのではなく、今一度、効能を冷静に検証してみる必要がある。少なくとも「唯一の被爆国」というのは「特権」でもなければ、敵が攻撃を躊躇《ちゅうちょ》してくれるような「抑止力」にもなり得ない。

かつて清水幾太郎氏が著書『日本よ国家たれ――核の選択』（文藝春秋、１９８０年）で述べた通りである。「被爆国だから非核三原則」という論理は通用しないのだ。

為政者として、「核兵器のない世界」の実現を目指すというのであれば、やらなければならないことが二つある。一つは「どのようにして」というロードマップを示すことであり、二つ目は、それが実現するまでの間、「どうやって国民の命を守るのか」という戦略を示し、国民を納得させることだ。

かつてバラク・オバマ元米大統領は「核なき世界の実現」を掲げてノーベル平和賞を受賞した。だが現実には、新戦略兵器削減条約（新ＳＴＡＲＴ）で戦略核の配備数を１５５０発に削減しただけである。備蓄数量の制限はなく、核廃絶に対しての実質的な貢献はなかった。オバマ元大統領本人も「核抑止の意義を否定しない」と語っている。「核なき世界」「核使用を断固拒否」と叫ぶだけでは、為政者の責任を果たすことにはならないのだ。被爆国だからこそ、日本は二度と核の惨禍を受けることがないよう、現実に立脚した核抑止戦略を構築しなければならない。

直視すべき核の現実

核が出現して以来、核保有国同士の戦争は起きていない。また北大西洋条約機構（NATO）のように、ロシアに対する核抑止として、米軍の核を国内に備蓄し、共有している国もある。

他方、ウクライナ戦争では、現在まさにロシアの核の威嚇、恫喝に国際社会は翻弄されている。

核による威嚇、恫喝は絶大な力を持つ。プーチン大統領は今回、この軍事的、外交的効果を最大限利用した。核を背景に、軍事力で相手に自国の要求を飲ませる。これがウクライナ侵略に関するプーチンの思惑だった。

実は、ウクライナは元々「核保有国」だった。1991年、ソ連邦が崩壊した時、ウクライナ領内には1240発の核弾頭と176基の大陸間弾道弾が取り残されていた。ソ連から独立したウクライナは、この時点で世界第3位の核兵器保有国であり、ウクライナはこれを保有し続ける意向を表明した。だが米国、英国、ロシアが核拡散防止の観点から強く反対した。

そこで核不拡散条約（NPT）への加盟と、核兵器撤去の見返りとして米、英、ロの3カ国がウクライナの「独立、主権、領土の一体性」を保証する覚書が結ばれた。「ブダペスト覚書」（1994年12月）である。後にフランス、中国はこの趣旨に賛同し、個別に取り決めを結んだ。結果的には国連の全常任理事国がウクライナの独立、主権、領土の一体性を守る約束をしたわけである。

ウクライナはこれに満足し、核を廃棄するだけでなく、残された爆撃機や攻撃機なども自主的に廃棄し、大きく軍縮に舵《かじ》を切ってしまった。いわばウクライナは「ウクライナ版非核三原則」とも言うべき政策を掲げたのだ。

だが、こうした理想が侵略の抑止に役に立たなかったことは明確だ。この覚書は2014年3月、クリミア半島併合により一夜にして反故にされた。

この時、中国共産党機関紙の人民日報が以下のような記事を掲載している。

《西側世界は国際条約や人権、人道と言った美しい言葉を口にしているが、ロシアとの戦争のリスクを冒すつもりはない。約束に意味はなく、クリミア半島とウクライナの運命を決めたのは、ロシアの軍艦、戦闘機、ミサイルだった。これが国際社会の冷厳な現実だ》

「力の信奉者」である中国の機関紙らしい。明治初期、憲法を学びにドイツを訪問した伊藤博文に対し、ビスマルクはこう語ったという。「大国は自分に都合がいい時は国際法の順守を要求するが、自分に都合が悪くなると平気でこれを破る。（だから）国家は力をつけなければならない」と。力がなければ条約や覚書も紙くずなのであり、外交も無力なのである。今も昔も、これが「国際社会の冷厳な現実」なのだ。

歴史に「もし」は禁物だが、1240発の核弾頭の内、もし10発でもウクライナが引き続き保有していれば、クリミア半島併合も、今回の侵略もなかったに違いない。「ブダペスト覚書」の米側当事者だったビル・クリントン元大統領は2023年4月、ウクライナが現在も核兵器を保持していれば、ロシアの侵攻はなかったとの認識を示し、核放棄を促したことを後悔している、と述べた。

広島サミットでも再確認されたが、人類は核の悲惨さを広島、長崎から学んだ。長崎以降、核は使用されていない。事実、核は極めて使用し難い兵器になった。では核は無用かというと、残念ながら現実はそうはなっていない。

戦略家エドワード・ルトワックは「核兵器は使われない限り有効」と喝破した。「ルトワックのパラドクス」である。核による威嚇、恫喝は未だに極めて有効であり、外交力を格段に向上させる。クリミア半島併合時、ロシアは改めてこれを証明してみせた。

プーチン大統領は２０１４年のクリミア併合を巡るインタビューで、「核兵器を使う用意があった」と述べた。この発言が今回、バイデン大統領に軍事力不行使を早々に決心させたと言われる。バイデン大統領の次の発言がそれを物語る。

「米国がロシアと戦火を交えれば第三次世界大戦になってしまう」

プーチン大統領は、ウクライナ戦争でも、たびたび「核の使用」について言及している。

「ロシアは最も強力な核大国だ」

「核抑止力部隊を特別態勢に移行を命じた」

フランスのエマニュエル・マクロン大統領との会談では「ロシアは核保有国だ。その戦争に勝者はいない」と述べた。さらに２０２２年2月の侵攻開始直後には、大陸間弾道ミサイル（ＩＣＢＭ）などの発射演習を行った。

その後もプーチン大統領は核危機を演出しては、ウクライナとアメリカをはじめとするＮＡＴＯ諸国、そして世界を揺さぶりにかけた。

ウクライナ戦争では、国連安保理の常任理事国が核をちらつかせながら侵略戦争を実施した場合、誰もこれを止められないという現実を突きつけられた。国連は全く無力であり、頼みの米国もロシアの侵略を抑止できなかった。そればかりか、ロシアによる核の威嚇によって、米国の軍事行動が逆に抑止されてしまったのだ。

増える核保有国、NPT体制崩壊の危機

核による威嚇、恫喝は大きな政治力を持つ。「その国のリーダーが正気でないと認識された場合、さらに有効性が増す」という現実もある。恐るべきことに、北朝鮮の金正恩《キムジョンウン》総書記、ロシアのプーチン大統領、中国の習近平主席に共通していることは、いざとなれば何をしでかすか分からない独裁者とみられていることだ。

先に、「(仮に)10発でもウクライナが保有し続けていれば、クリミア半島併合はなかったし、今回の侵略もなかったに違いない」と書いた。これに対し某識者は「核弾頭は旧式であり、安全に維持できるものではない。核兵器を残していれば、今日のような状況にはならなかったというのは神話だ」と反論した。

これは核の本質を理解していない言い分だ。旧式の核であろうが、運用できない核であ

ろうが、「核弾頭」を保有するだけで「政治の力」は格段に増す。だから北朝鮮は民が飢えても核を手放さない。イランは核開発を続け、インド・パキスタンは核の放棄に応じない。しかしながら、誰もその核が実際に使用できるかどうかは分からないのだ。

キューバ危機の際、当時の米空軍参謀長カーチス・ルメイ大将はジョン・F・ケネディ大統領に「キューバへの空爆と侵攻」を進言した。

ケネディは、完全に破壊できない可能性に触れ、一発の核でも残ればマイアミが火の海になるとして却下した。わずかな核でも抑止効果があることを「実存的抑止」(existential deterrence)と呼ぶ。これが核のリアルである。

核の抑止は、核でしかできない。核の威嚇・恫喝を通常戦力では無効化できない。強大な軍事力を保有する米国が、プーチン大統領の邪な侵略を抑止しなければならなかったにもかかわらず、プーチン氏の核発言によって、逆に米国の軍事力行使自体が抑止されてしまったのがよい例だ。

今回の件で、NPTが崩壊する可能性があることを、我々は予測しておかねばならない。NPT体制は、核を保有するのは5常任理事国のみに留め、他国には核は保有させないという、いわば常任理事国に特権を与えたような、不公平な体制となっている。だが無分別に核が拡散するよりはましと考え、国際社会はこれを受け入れた。

これは核保有国が常任理事国として、みだりに核を使用したり、核による威嚇や恫喝もしないという暗黙の約束の上に成り立っていた。だが、ロシアによってこの約束は見事に破られた。

この現実を目の当たりにした北朝鮮の金正恩総書記は、今後、核の廃棄には決して応じないだろう。北朝鮮は深刻な経済的困難に直面しながらも、資源を軍事面に重点的に配備し続けている。特に弾道ミサイルについては、国連安保理決議に違反して発射を繰り返している。北朝鮮に核、ミサイルを放棄させる原則、「完全かつ検証可能で不可逆的な解体」（CVID：complete, verifiable, irreversible, dismantlement）はもはや死文化した。

他の独裁国家も今後、核保有を目指すに違いない。まさに核不拡散体制の崩壊の危機である。

こうした危機に瀕《ひん》していることを、日本社会はどこまで真剣に受け止めているだろうか。

「核の傘」が「破れ傘」になる日

北朝鮮は２０２２年11月、「火星17号」を発射したが、これは米国全土を射程に収める可能性があるミサイルだ。２０２３年４月には、固体燃料式の新型ＩＣＢＭ（大陸間弾道ミサイル）「火星18型」の発射実験を行った。報道によると、かなりの技術的進展があったとされる。実戦配備は時間の問題であろう。

実戦配備となれば、米国の拡大抑止、つまり「核の傘」は「破れ傘」になる可能性がある。「拡大抑止の提供」とはいえ、ワシントンを犠牲にしてまで米国が日本を防衛するとは考えられないからだ。

同様なことが１９７０年代後半、欧州で起こった。ソ連は中距離核ミサイル（ＳＳ２０）を配備し、欧州との間で中距離核戦力（ＩＮＦ）に不均衡が生じた。

ＳＳ２０で欧州が攻撃された場合、米国は果たして本土を犠牲にしてまで戦略核で報復してくれるのか。米国の「核の傘」に疑念を抱いた欧州は、ＳＳ２０と同等のＩＮＦ（パーシングⅡミサイル、地上発射型巡航ミサイル）の欧州配備を米国に迫った。

ＩＮＦの欧州配備で均衡が実現するや、米ソは軍縮交渉のテーブルについた。１９８７年、ＩＮＦ全廃条約として結実し、ＩＮＦは全廃された。軍拡によって軍縮を実現させた成功例である。

だが、皮肉にもこの成功が、現在の米中の著しいミサイル・ギャップを招いた。ＩＮＦ

全廃条約の制約を受けない中国は、日本、グアムを射程に収める短・中距離ミサイルを着々と整備し、今や１９００基が配備されているという（ブラッド・ロバーツ元米国防次官補代理、２０２０年３月）。

片や米国の保有はゼロである。「力の不均衡」は戦争の可能性を高める。憂慮したトランプ政権はＩＮＦ全廃条約から離脱した。米国は今、ＩＮＦを急ピッチで開発中である。

中国は通常兵器のみならず、核戦力でも米国を凌駕しようとしている。２０２１年夏、地上発射型弾道ミサイルのサイロが約３００基建設中であることが明らかになった。

章の冒頭でも触れたように、中国は２０３５年までに核弾頭を約１５００発に増勢し、核戦力の３本柱（地上配備、潜水艦発射、戦略爆撃機搭載）強化を目指していると述べた。

米国の実戦配備の戦略核とほとんど同レベルになる日は近い。戦略核で均衡すれば、ＩＮＦの不均衡が決定的意味を持つことになる。日本、韓国、台湾などへの米国の「拡大抑止」は無効化され、「核の傘」が「破れ傘」になる公算が大きい。１９７０年代後半の欧州情勢の再現である。

「ウクライナ危機はウォーミングアップに過ぎない」

２０２１年４月、米戦略軍司令官チャールズ・リチャード大将は議会証言で、「潜水艦発射の戦術核ミサイルの配備を進めなければならない、拡大抑止の保証が十分ではなくなっている」と述べた。だが、バイデン大統領は、トランプ前大統領が決定した潜水艦発射戦術核ミサイルの開発を白紙に戻した。２０２２年11月、リチャード大将は「我々が体験しているウクライナ危機は、ウォーミングアップに過ぎない。もっと大きなものが待ち構えている。間もなく我々は試練を迎えるだろう」と警鐘を鳴らした。

日本は、この潜水艦発射戦術核ミサイル白紙化の再考をバイデン大統領に強く求めなければならない。岸田首相がバイデン大統領に対し、日本の立場を主張して白紙化の再考を促したかどうか、筆者は寡聞にして知らない。

「力の信奉者」である中国への抑止が崩れれば、台湾海峡の平和と安定は危うい。日本に向けられたＩＮＦを抑止し、威嚇、恫喝をどう無効化するか。日本が「核抑止戦略」の構築を急がねばならない理由がここにある。

核に対する抑止は核でしかできず、通常兵器では成り立たない。欧州で核戦力をもって核戦力を全廃したように、米中のＩＮＦの均衡を取り戻し、米中の核軍縮交渉を開始させなければならない。

２０２１年３月、米インド太平洋軍司令官は議会に要望書を提出した。中国への抑止は崩れつつあり、今後完成する中距離弾道ミサイルは第一列島線（九州、沖縄、台湾、フィリピン、南シナ海へのライン）に配備すべしとの要望である。

最近、米政府は日本の世論の理解を得るのが難しいとの理由で日本配備を見送る方針であるとの報道がある一方、米政府は日本配備を打診中であり、日本は配備受け入れの方向で協議を本格化させるという報道もある。真偽は不明であるが、ことは日本の安全保障に直接かかわる。政府は日本国民を説得し、日本配備を実現させるべきである。

１９７０年代後半、マーガレット・サッチャー英首相やヘルムート・シュミット独首相（いずれも当時）が、反対世論を押し切って米国にＩＮＦを持ち込ませたのを想起すべきだ。「力の均衡」を取り戻し、米中の核軍縮交渉開始に向け、日本が主導的役割を果たすべきである。

米中間の深刻な「ミサイル・ギャップ」

米国の核政策は「ＮＣＮＤ（Neither Confirm Nor Deny）」、つまり否定も肯定もしない政策を採っている。中距離弾道ミサイルについても、核弾頭が搭載されているかどうかは明らかにしないだろう。ミサイルを日本に配備する場合、非核三原則が足かせになることは確かだ。だが、ことは日本の安全保障なのである。安全保障上、必要があれば、非核三原則も見直すべきだ。国民の安全確保が目的であり、非核三原則自体が目的であってはならない。

安倍晋三元首相は生前、米国の拡大抑止強化の議論を進めるため、「核共有の議論をすべし」という高めのボールを投げた。直後の世論調査では国民の約８割が「議論すべき」に賛成だった。自民党はそれを受け、安全保障調査会で核抑止に関する勉強会を開いた。だが「唯一の戦争被爆国として、世界平和に貢献する我が国の立場は絶対に崩すべきではない」と情緒的で浅薄な議論に終始した。宮澤博行国防部会長（当時）が「議論はしない」と打ち切りを決め、検討会は一回をもって「アリバイ作り」に終わった。せっかくの機会を自民党自らが潰し、国民に思考停止を強要した。

核兵器を自前で保有するのは、国民感情、国際世論、実験場、そして核拡散防止条約や原子力基本法などの問題もあり、現実的ではない。だが「持ち込ませず」の原則は、時の内閣の責任で変更できる。

2010年3月、鳩山由紀夫内閣の岡田克也外相は以下のように答弁した。「核搭載米艦船の一時寄港を認めないと日本の安全が守れないならば、その時の政権が命運をかけてぎりぎりの決断をし、国民に説明すべきだ」。安全保障上、必要が生じれば、「持ち込ませず」の原則を撤回し、米軍が核兵器を日本へ「持ち込む」ことを認める可能性に言及したのだ。

また、「国民の安全が危機的状況になったとき、原理原則をあくまで守るのか、例外を作るのかは、そのときの政権が判断すべきことであり、今、将来にわたって縛るわけにはいかない」とも述べた。政権交代後、安倍晋三内閣において岸田外相は「現政権もこの（岡田）答弁を引き継いでいる」と答弁している。

平素は非核三原則を堅持するものの、緊急時には「持ち込ませず」は変更できる。これだけでも核抑止政策の選択肢は増える。中国の台湾武力侵攻が取り沙汰されている今、まさに「緊急時」である。台湾有事が起こってからでは遅い。

ドイツなどNATOの5カ国は、国内に米軍の核弾頭を平時から備蓄し、米軍との核共有を図っている。だが、縦深性の乏しい島国日本にあって、同様な核共有が合理的とは筆者は思わない。

他方、これから完成してくる地上配備の移動式中距離ミサイルは、弾頭が核、非核にかかわらず日本配備を要求すべきである。米中のミサイル・ギャップは深刻であり戦争の誘因となり得る。「時の政権が命運をかけて決断をし、国民に説明すべき」時なのである。

また、今後の情勢によっては、ここぞという絶妙の瞬間に、戦略原潜を日本に寄港させる。将来的には戦略原潜の日米共同運用など、拡大抑止強化策について日米協議を実施し、核抑止戦略を検討しておくべきである。

核抑止への当事者意識を持て

核を持ち込むメリットは、核抑止だけではない。核に係る米軍の作戦計画策定への参画、演習への参加、有事における作戦発動や意思決定への関与などを米国に要求できる。これらに関与するだけで拡大抑止の信頼性は増す。NATOの核共有も核計画グループ（NPG）への参画が目的ともいわれる。2022年3月、自民党の茂木敏充幹事長が述べたように、「物理的な共有ではなく、核抑止力や意思決定を共有する仕組み」に参画する意味は大きい。

２０２３年１月、ワシントンで実施された日米安全保障協議委員会（２プラス２）の共同発表に「日米拡大抑止協議及び様々なハイレベルでの協議を通じ、実質的な議論を深めていく意図を有している」とある。「米国の拡大抑止が信頼でき、強靭なものであり続けることを確保することの決定的な重要性を再確認した」とも述べる。

ならば日米拡大抑止協議を通じ、「核の傘」の信頼性向上への具体策にまで踏み込む必要がある。

北朝鮮の核・ミサイルの脅威に直面する韓国は、２０２３年４月、尹錫悦《ユンソンニョル》大統領が訪米し、米韓首脳会談で拡大核抑止強化を具体化した共同文書「ワシントン宣言」を発表した。

この宣言では、米韓両国の拡大抑止協議体である「核協議グループ」（ＮＣＧ）の新設や核使用に関する計画策定や訓練強化が述べられ、拡大核抑止の強化、つまり「核の傘」の信頼性を大きく向上させている。

日韓の核抑止に対する意気込みの違いを見せつけられたが、今に始まった話ではない。冷戦時、日米拡大抑止協議は課長クラスがやっていたが、最近になって、ようやく審議官クラスになったという。韓国は昔から次官クラスがやっているようだが、いかに日本の核抑止への当事者意識が低いかが分かる。

ウクライナ戦争は、我々にいつでも20世紀型戦争が起こり得ることを突き付けた。また核の威嚇、恫喝が、戦争遂行と同等の政治力を持ち、平時から行使され得ることも。これまでのように戦争を絵空事として惰眠を貪《むさぼ》ることはもはやできない。核抑止についても当事者意識を持ち、自らにかかる火の粉は自らが払わねばならない。

日本には安全保障に関し、感情的で不条理な障害がいまだ多く立ち塞がっている。核に対するタブーがその典型である。現実を直視しつつ、タブーなき議論により、核抑止を図っていかねば、今後の厳しい安全保障環境を日本は生き抜いていけない。

一顧だにされなかった「防衛費増」の要望

安保戦略に関し、「核抑止戦略の欠如」を指摘したが、同時に考えなければならないのは、その優れた安保戦略を現実のものにできるかどうかだ。

２０２２年5月の日米首脳会談で、岸田首相はバイデン大統領に対し、日本の防衛力を抜本的に強化し、裏付けとなる防衛費を増額するとともに「反撃能力」の保持を含め、あらゆる選択肢を排除しない考えを伝えた。バイデン大統領もこれに強い支持を表明している。

さらに翌6月には政府が「骨太の方針」を決定した。防衛費の扱いについてはNATO加盟国がGDPの2%以上を目標としていることを例示し、防衛力を「5年以内」に抜本的に強化することを明記した。

「5年以内の防衛力の抜本的強化」は台湾有事の抑止はもちろん、東アジア地域の安定を保つのに欠かせない。もはや国際公約であり、日本の責務ともいえる。しかも「5年」は決して長くはなく、まさに待ったなしの状況にある。

これまで、我が国はGDP1%以内という根拠のない楽観論に基づく防衛政策を惰性的に受け入れてきた。いかに惰眠を貪ってきたかは、防衛費の推移を見れば一目瞭然だ。防衛費は2002年から10年間連続して減少した。この時期、防衛費を減らしたのは、先進諸国で日本だけである。2012年からは増額に転じたが微増にとどまっている。

一方の中国は、先にも述べた通り1992年度から30年間で約40倍、2012年度から10年間で約2・3倍の軍拡を図ってきた。

防衛力整備の担当者として見れば、中国の「軍拡」はうらやましい気もする。筆者は現役時代、防衛力整備に従事してきた。予算要求は昔から「必要なものの積み上げ」であったが、それは財務省が示す枠内での積み上げに過ぎなかった。

当時から「GDP比1％枠の撤廃を」「2％への増加を」という制服側の要望はあったが、一顧だにされなかった。「大事なのは数字ではない、必要なものは何かという積み上げだ」という一見もっともらしい言葉も、結局はあらかじめ示された枠内での積み上げに過ぎなかった。中国の軍拡は、おそらく戦いに必要なもの全てを予算化した結果だろう。それが30年間で約40倍の大軍拡である。

今回は日本でも「2％」が政治意志として示されている。「財務省が都合の良い枠を示し、その枠内で防衛省が積み上げを実施する」という元の木阿弥《もくあみ》に戻り、「防衛費増」「防衛力の抜本的強化」が掛け声倒れにならないよう、今後、フォローしていかねばならない。

何より、日本が20年以上にわたり防衛力強化を怠ってきたツケは大きい。防衛装備品や施設の老朽化は著しい。最新の装備品であっても部品不足、修理費不足で稼働率が極めて低く、満足な練成訓練が実施できていない。航空自衛隊の部隊に行けば、飛べない航空機が並んでいるのを目の当たりにする。燃料、弾薬の不足は慢性化し、施設抗堪《こんたん》化に至っては見る影もない。軍事的合理性ではなく、政治的合理性に基づいて防衛力整備をやってき

中国の国防費と日本の防衛費推移

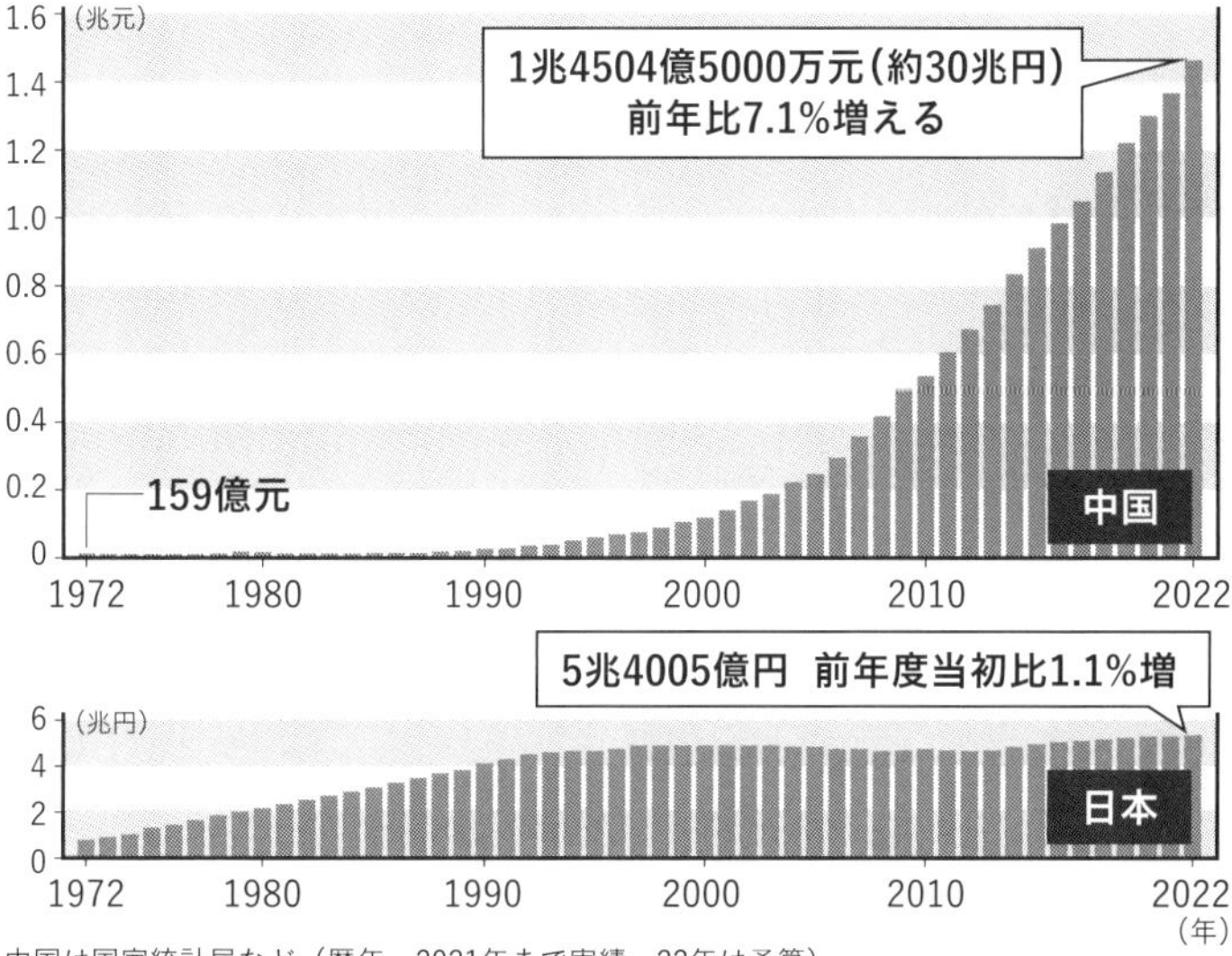

中国は国家統計局など（暦年。2021年まで実績、22年は予算）
日本は防衛省（年度。いずれも当初予算）の資料をもとに作成

た帰結といえる。

現在、急を要するのは、これまでの不作為によるツケの解消である。これには、予算措置とともに法整備や基本方針の検討などが必要となってくる。せっかく立派な戦略3文書が改定されたのだから、これにあわせて不具合は全て是正すべきである。

そもそも防衛力強化には、高性能の装備品と隊員の高い練度と士気、そして優れた戦技戦法、強靭な後方支援能力、加えて防衛力発揮の法的基盤が欠かせない。装備品を導入し、それを戦力化するには、とにかく経費と時間と労力がかかる。これは国民にもしっかりと理解してもらわねばならない。

やるべきことは山積しているが、やれることからやっていくしかない。特に後方支援能力の強化は直ちにやれるし、やらねばならない。

２０２７年までは現有装備の最大活用で「防衛力の抜本的強化」を図るしかない。このための法整備や方針の再定義、そして隊員士気の振作、国民の覚醒など「ソフト」面も含めた総合的な施策が必要である。「防衛力の抜本的強化」は予算措置だけで事足りるといったものではないのだ。

永田町やメディアが、いかにものんびりしていると思われる原因の一つに、「防衛費増額」と「防衛力強化」を混同している点がある。「５年以内の防衛力抜本的強化」と「５年以内のＧＤＰ比２％以上の防衛費増額」は全く違う。これを混同した議論が横行しているが、大きな誤りである。

ＧＤＰ比２％に近づけるため、海上保安庁の予算や、港湾、空港施設の建設などを含めた算定方法が導入されたようだが、数合わせによって「防衛費増」に見せかけるだけでは、真の「防衛力強化」にはなり得ない。今後の防衛力整備の進捗をしっかりとフォローし、防衛力強化になっているかどうか、注視していくことが求められる。

また、防衛費増額は防衛力強化の必要条件だが、十分条件ではない。例えば戦闘機、護衛艦、戦車など防衛装備品は、契約から納入までに複数年を要する。予算成立から、現場部隊が装備品を手にするまで、戦闘機や護衛艦で4~5年、ミサイルや弾薬で3~4年かかる。それから個人訓練、部隊訓練が始まり、そして戦技戦法の開発と続く。戦力強化にはさらに2~3年を要すのだ。

ロシアによるウクライナ侵攻を受け、米軍はウクライナに対し、携行型地対空ミサイル「スティンガー」を約1400基供与した。このため、新たに1300基を発注したが、納期は4年後の2026年だという。米軍でもこうだ。新規開発装備品であれば戦力化に10年以上を要するのが普通だ。

防衛力強化には防衛費をつければ事足りると考えていたら大間違いであり、「5年以内の防衛力抜本的強化」を絵に描いた餅にしてはならない。

日本有事である台湾有事を何としてでも抑止しなければならない。そのために日本に今求められているのは、国家を上げての優先的資源投入と、ハード、ソフトのあらゆる防衛力強化策の断行である。戦いが始まってからでは遅いのだ。

急がれる「平時法制」の整備

現代戦は、平時か有事か区別がつかない、いわゆるグレーゾーンから始まる。有事関連法案は2003年から2004年にかけて成立したが、蓋然性の高いグレーゾーンでの法整備、つまり「平時法制」は未だ整備されていない。

例えば台湾有事では先島諸島が真っ先に戦闘に巻き込まれる可能性がある。だが現行法制上、武力攻撃予測事態などが認定されなければ、自衛隊は国民の保護に動けない。

武力攻撃事態の認定がなされ、防衛出動が下令されなければ、自衛隊は電波を含む公衆電気通信設備を優先的に利用できない。自衛隊は民間空港を作戦に使用することすらできない。火薬取締法の適用除外も受けられず、武器弾薬の大規模輸送もままならない。サイバー攻撃を受けても敵を特定することすらできない。

グレーゾーン事態は平時であり、これらの適用除外が受けられず、現有装備品の能力の最大発揮ができない。現在の有事法制は、冷戦時の戦闘様相を前提に構築されたものである。有事、平時の区別がつかないグレーゾーンのような事態は想定していなかった。最も蓋然性の高いグレーゾーン事態に、自衛隊が作戦行動をとれるよう、各種法的縛りを解かねばならない。

武器使用権限も改正しなければならない。現行法では、自衛隊は防衛出動が下令されない限り、「警察官職務執行法」を準用せざるをえない。グレーゾーン事態に出動を命じられた自衛隊が、警察権行使に縛られれば任務遂行に不都合が生じ得るのは明らかである。さりとて武力攻撃事態認定、防衛出動の下令などは、極めて政治的ハードルが高い。国際社会からみれば、「防衛出動下令」は、「宣戦布告」の響きがあり、いたずらに事態をエスカレートさせかねないからだ。

当然、政府は有事認定を躊躇するだろう。その間、自衛隊は苦戦を強いられ、戦死傷者は増大することが予想される。グレーゾーン事態の要諦は、警察権行使から自衛権行使にスムースに移行し、事をエスカレートさせないことである。

平時、有事の間隙を埋めるため、「自衛官職務執行法」を制定し、グレーゾーン事態における武器使用権限の適正化を図るべきである。同時にグレーゾーンにおける海保や警察の権限強化も図るべきである。特に軍事的機能の発揮を禁止した海上保安法25条の改正は必須である。

「必要最低限の反撃」などあり得ない

防衛力抜本的強化には、我が国防衛の基本政策の見直しも急務だ。これまで防衛力整備の方向性を示すものとして、6度にわたり「防衛計画の大綱」が策定された。3度目までは、「基盤的防衛力」構想に基づいていた。基盤的防衛力構想とは、「脅威」に「対抗」するものではなく、我が国自身が「力の空白」とならぬよう必要最小限の防衛力を保有するものである。いわば戦いは「フィクション」であったといえる。

4度目以降は、「動的防衛力」「統合機動防衛力」「多次元統合防衛力」と状況適応型の防衛力構築を目指したが、基盤的防衛力構想から完全には決別できなかった。

戦後最悪の安全保障環境といわれる情勢下にあって、岸田政権は現実的な防衛力構築を目指した。だが、基盤的防衛力構想を引きずっている防衛の基本政策自体が改訂されないため、矛盾が表面化している。「専守防衛」と「軍事大国とならないこと」の矛盾が典型である。

我が国防衛の基本政策は①専守防衛　②軍事大国とならないこと　③非核三原則　④文民統制の確保がある。

「専守防衛」とは、「相手から武力攻撃を受けたときにはじめて防衛力を行使し、その態様も自衛のための必要最小限にとどめ、また、保持する防衛力も自衛のための必要最小限のものに限るなど、憲法の精神に則った受動的な防衛戦略の姿勢をいう」（『防衛白書』）「軍事大国とならないこと」については、「我が国は自衛のための必要最小限を超えて、他国に脅威を与えるような強大な軍事力を保持しない」と白書は説明する。

「専守防衛」は「武力攻撃を受けたときにはじめて防衛力を行使」することから、国土が戦場になり、国民に被害が生じる。ある意味、国民が傷つくことを前提にした残酷な政治姿勢である。これはパリ不戦条約、国連憲章、そして日本国憲法9条第1項に由来する。

だが、国家は国民を守る責務があり、国民が傷つくことを前提にした政策など政策足りえない。従って「専守防衛」を標榜《ひょうぼう》するのであれば、戦争抑止が絶対的必要条件となる。

抑止力とは「相手がこちらに害を与えるような行動にでるならば、相手に重大な打撃を与える意思と能力を持っていることを、予め相手に明示し、相手が有害な行動にでることを思いとどまらせること」（『防衛白書』）である。抑止が成立するかどうかは、相手側が防衛力をどう認識するかにかかっている。

従って、戦争を抑止するには、相手に重大な打撃を与え得る「強力な軍事力」と「報復の意思」を持ち、それを相手に理解させる「巧みな外交」が欠かせない。「必要最小限」で「脅威を与えるような強力な軍事力を保持」せず、相手が与みやすしと認識すれば、抑止は成立しない。ウクライナ戦争がそれを証明している。

軍事大国になる必要はない。だが、「専守防衛」を維持するのであれば、相手が脅威に感ずる強力な軍事力をもって戦争を抑止することが絶対的に必要なのである。一方で「軍事大国とならないこと」には「脅威を与えるような強大な軍事力を保持しない」とあり、「専守防衛」と「軍事大国とならないこと」は両立しえないのだ。

過去、この論理矛盾が、不毛の議論を巻き起こし、防衛力の抜本的強化を妨げてきた。かつてF4戦闘機導入にあたり、わざわざ金をかけて空中給油装置と爆撃照準装置を取り外して世界の笑いものになった。

戦争が「フィクション」であった基盤的防衛力の時代は、「脅威を与えない軍事力」という美辞麗句もさほど問題にはならなかった。だが、戦争が「リアル」になった今、相矛盾する基本政策を放置しておくわけにはいかない。

また、「反撃能力」保有にあたって、「専守防衛」という名が体を表していない問題点が顕在化した。「専守」と言えば誰しもが「専ら守る」と理解する。だが、「武力攻撃を受けたときにはじめて防衛力を行使」することであり、「専ら守る」とは明らかに違う。攻撃兵器は一切保有できず、「反撃能力」保有は「専守防衛」違反だという誤解もここから来る。この際、正確な用語である「戦略守勢」に変えるべきだろう。

「専守防衛」の後段にある「その態様も自衛のための必要最小限にとどめ」も明らかに不合理である。平時にあって、災害派遣や領空侵犯措置など、防衛大臣は「全力を挙げて国民を救え」「全力を挙げて主権を護れ」と隊員に訓示する。だが、有事にあって「必要最小限の態様で」日本を守れと訓示するだろうか。あり得ないことだ。

自衛隊は持てる手段を総動員し、全力を挙げて「最大限」の「態様」で臨まねば国家国民を守ることはできない。戦術的にも「必要最小限の態様」は、「戦力の逐次投入」に陥る可能性があり、最悪の戦術である。1942年の「ガダルカナルの戦い」が典型だ。大本営は米軍を過小評価し、3度にわたって「必要最小限の戦力を逐次投入」して大敗を喫した。「態様も必要最小限にとどめる」といった偽善的な「まやかし」が、国を亡ぼすことになる。

「保持する防衛力も自衛のための必要最小限のものに限る」の記述も戦争抑止が絶対的必要条件である「専守防衛」とは相いれない。矛盾を孕《はら》んだ基本政策を前提とする限り、折角の3文書も砂上の楼閣になりかねない。

戦う気概がない国を誰も助けない

さらにもう一つ、ウクライナが与えてくれた大事な教訓がある。ウクライナは西側諸国からの大規模な軍事物資支援を受けている。これはウクライナが血と汗を厭《いと》わず、「自らの国は自らの手で守る」姿勢を見せているからこそ、国際社会の共感を勝ち取ることができた結果だ。この事実に我々日本人は刮目《かつもく》しなければならない。

ウクライナにとって、今回のロシアによる侵攻は祖国防衛戦争であり、開戦直後からウクライナ軍の士気は高い。結果、軍事大国ロシアを相手に善戦している。明確なロシアによる侵略戦争ということもあって、国際社会は結束して経済制裁を発動し、軍事物資の支援も強力に推進中である。

米国はウクライナに武器や軍事物資を迅速に貸与するための「武器貸与（レンドリース）法案」を成立させた。武器貸与法は第二次大戦中に、ナチス・ドイツと戦うイギリスを支援した法律である。

米政府は同法を復活させるまでしてウクライナへの軍事支援を加速させることとした。

これもウクライナ国民が多くの犠牲を出しながらも、祖国防衛のために必死で戦っているからこその支援である。

２０１４年、ウクライナはクリミア半島をロシアにほぼ無血で併合された。ドンバス地方での戦いはあったものの、今回のような決死の様相は感じられなかった。この時、国際社会は一応、ロシアに対する経済制裁は実施したものの、今回のようなウクライナへの強力な軍事支援は実施しなかった。

正義の戦争であっても、「自らの国は自らの手で守る」という決死の覚悟がなければ、国際社会の共感は得られず、真の支援は得られない。我々日本人はこれを肝に銘じなければならない。

ひるがえって気がかりなことがある。２０２１年に79カ国に対し国際的な世論調査が行われた。「あなたは自国が侵略された時、戦うか」という問いに対し、「はい」と答えた日本人は13・２％だった。79カ国中、断トツで最下位である。ビリから２番目のリトアニアでさえ、30％を超えている。ちなみに１位はベトナムで98％の国民が「戦う」と答えている。

これには色々な複合的原因がある。最も大きな原因は「教育」にあると考えるが、ここではこの問題は取り上げない。

何よりの危惧は、日本が侵略の危機に直面した時、「戦う」人が13・2％では、日米同盟も機能しない可能性があるということだ。日米同盟はNATOや米韓同盟とは違い、自動参戦ではない。日本が攻撃を受けても、米国は「自国の憲法上の規定及び手続に従って共通の危険に対処するように行動する」（安保条約5条）とあり、自動的に参戦するわけではない。

ウクライナ戦争で明らかになったことは、戦う気概がない国は誰も助けないという現実であり、日米同盟とて例外ではないことを日本人は肝に銘ずべきである。

ウクライナは、ある意味「ウクライナ版専守防衛」政策を忠実に守っている。ロシアの一方的な攻撃で戦争は始まり、戦場はウクライナ本土に留まる。女、子供、老人が逃げ惑い、4人に1人が家を失った。これも国土防衛戦であるからだ。先述の通り、日本も専守防衛を防衛政策の基本とするならば、同様の悲惨な状況が起こり得ることを、国民は覚悟しておかねばならない。

専守防衛は、主導権が敵にあるため、常に初動が遅れる。しかも国土に攻め込まれてから立ち上がるために、国民には甚大な被害が出る。戦場はウクライナ本土であり、ロシア領土が大規模な戦場となることはない。経済制裁以外で、ロシア国内の無辜《むこ》の民が傷つくこともない。

ロシアが攻撃を断念しない限り、ウクライナの被害は拡大する一方である。ウクライナは、ロシアの攻撃を阻止し、ロシア軍を後退・撤退させ、領土を奪還することはできる。だがロシアを降伏させることはできない。

ロシアは戦況が悪化し、都合が悪くなれば、口実をでっちあげて停戦に持ち込めばいい。停戦は戦況を打開するための戦術として使われる。状況が好転すれば戦争を再開することができる。

従って、ロシアには勝利はあっても降伏はない。撤退はあっても敗北はない。他方、国内でのみ戦うウクライナにはロシアの撤退はあっても勝利はなく、降伏はあっても戦勝はないのだ。それが専守防衛である。我々は、もし戦争を抑止できなかった場合、同様の目を覆いたくなるような悲惨な状況が国内で起こり得ることを再認識しておく必要がある。だからこそ戦争抑止が絶対的必要条件となることは先述した通りである。

「危険な窓」が開く……残された時間は少ない

２０２１年、米インド太平洋軍のフィリップ・デービッドソン司令官（当時）は「今後6年間に（２０２７年までに）中国が台湾に軍事攻撃を仕掛ける恐れがある」と述べた。さらに２０２２年に入ってからも米国政府高官が、２０２２年秋の中国共産党党大会から、２０２４年の米国大統領選挙、台湾総統選挙、ロシア大統領選までの「18カ月」を“dangerous window”（危険な窓）と呼び、台湾有事の可能性に警鐘を鳴らしている。

２０２３年2月、ウィリアム・バーンズＣＩＡ長官は、習近平国家主席が「２０２７年までに台湾侵攻の準備を整えるよう軍に命じたことを指す情報を把握している」と述べている。米国の見立てでは、今後２０２７年の間に、台湾有事はいつでも起こり得るということだ。

２０２１年7月、習近平中国国家主席は中国共産党創建１００年に際し、「台湾問題を解決し、祖国の完全な統一を実現することは、党の歴史的な任務だ」と述べた。同年10月の辛亥革命１１０周年記念大会では、「祖国の完全な統一は必ず実現しなければならない歴史的任務であり、必ず実現できる」と述べ、「いかなる『台湾独立』のたくらみも粉砕する」と米国の動きを牽制した。

台湾有事は、もはや「あるか、ないか」という段階ではない。「いつあるか」「どのようにあるか」というところまで来ている。日本は、中国の台湾武力侵攻準備が整う2027年頃までに、「防衛力の抜本的強化」を図り、台湾有事の抑止の一翼を担わねばならない。日本は今や戦時との認識が必要であり、最優先で防衛力強化を図る必要がある。「必要最小限」の防衛力で、「脅威も与えず」、相手が与しやすしと認識すれば、抑止は成立しない。ウクライナが核を含む強力な軍事力を持っていたなら、プーチン氏は侵略を企てることはなかったのだ。同盟国を持たず、しかも集団防衛体制に未加入の国が如何に悲惨な目に遭うか、我々は目の当たりにした。

ウクライナは集団防衛体制（NATO）に入っていなかったが故に、戦争を抑止できなかった。同盟国も持たないため、援軍も期待できない。西側諸国からの軍事物資の支援があるとは言え、長期的には、じり貧にならざるを得ない。ロシアが作戦を止めるまで戦いは終わらない。国土は焼け野原になり、戦後復興には莫大なコストと年月がかかる。

他方、バルト三国のような小国でも、ロシアはこれを攻めることはできない。NATO加盟国であり、1国への攻撃は、自動的に加盟31カ国に対する攻撃と見做されるからだ。

これまで中立を保ってきたスウェーデン、フィンランドが、今回の戦争を見て、慌ててNATO加盟を申請した。フィンランドは加盟が実現したが、スウェーデンはトルコが難色を示し、未だ加盟が実現していない。ロシアと1300㎞の国境で接するフィンランドは、これまでソ連との戦争で悲惨な体験をした。弱小国の宿命ということで、とにかく刺激をしないようにと中立政策をとってきた。だが、今回大きく方向を転換した。背に腹は代えられないということだ。

日本は米国と安全保障条約を結んでいる。だが、これは集団防衛体制ではない。安保条約5条を見ても分かるように、日本が攻撃されても同盟国米国が自動参戦するわけではない。今回のようにもし中国が核をちらつかせながら、日本侵略を企てた場合、米国が必ず日本防衛に立ち向かうという保証はない。

日米同盟の特徴は片務性にある。安倍政権で、限定的な集団的自衛権は行使できるようになった。だが、全面的な集団的自衛権行使は憲法の禁ずるところである。また集団防衛体制には加盟できない。今後、我々は日米同盟を集団防衛体制化する方向で努力していく必要がある。それには、先ず現行憲法を改正せねばならない。

ウクライナ戦争の次は台湾有事の蓋然性が高い。日本有事であるとみておかねばならない。危機管理には「まさか」ではなく「もしかして」と捉えて準備しておくことが求められる。ウクライナ戦争から得た教訓をしっかり受け止め、戦争を未然に防止することだ。

力なき外交は無力である

ウクライナが見舞われた事態は、これまで軍事や防衛に興味を持たなかった日本の世論も、さすがに無視できないものになった。何より、こうした20世紀型戦争が、今なお我が国周辺でも起こり得るということは、再認識しておかねばならない。「力の信奉者」に対し、力のない外交は無力であることを、今更ながら見せつけられた。

２０２１年夏頃から、米国の情報機関はロシアの動向を正確に読んでいた。米国のバイデン大統領は、機微に触れかねない情報をも積極的に公開することにより、戦争を抑止しようとした（"deterrence by disclosure"）。結果的にはプーチン氏の侵略戦争を抑止できなかったが、偽旗《にせはた》作戦（嘘やデマにより作戦を有利に展開させる）をある程度無効化するのには成功した。

２０２１年11月、ロシアの不穏な動きを察知したバイデン大統領は、「ロシアは計画外軍事演習を計画しており、重大な挑戦」と警鐘を鳴らした。

2022年1月19日、バイデン大統領は「プーチン大統領が何をするのかは定かではないが、動く可能性がある」と述べた。2月10日には、全面侵攻計画を公表し「これまでとはまったく異なる状況で、事態は一気に悪化しかねない」と述べている。

18日には「ロシアが1週間か数日のうちにウクライナを攻撃しようとしている」「標的は首都キーウだ」「プーチン大統領は決断したと確信している」と述べている。今にしてみれば、これらの情報は、結果的にほとんど正しかった。

だがこういう貴重な情報があったにもかかわらず、ゼレンスキー大統領はこれらを十分に活用できなかった。開戦10日前の2月14日になっても、ゼレンスキー大統領は「(米国の情報は)誇張し過ぎだ」と否定し、「我々は平和を目指し、全ての問題に交渉のみで対処することを望んでいる」と述べていた。予備役を動員したのは、なんと開戦2日前である。

正確な情報がありながら、情勢判断を誤り、結果的に後手後手に回り、犠牲者を増やしたことは否めない。開戦前の情報戦では決定的に遅れをとったということだ。開戦後は獅子奮迅の働きで英雄になっているが、為政者として、戦争勃発に至るまでの稚拙な対応により、戦争を抑止できなかった責任は問われなければならない。

「力の信奉者」との外交には、先ずは「力」で圧倒されないことが必須の条件だ。同盟国もなく、ロシアの約十分の一以下の軍事力しか持たないウクライナが外交交渉を挑んでも、既に侵略を決心したプーチン大統領が聞く耳を持つわけがない。

力のないウクライナが一国でロシアと「外交交渉のみで対処」することなど、土台無理な話であった。かつてセオドア・ルーズベルト米国大統領が、「外交とは、右手に棍棒を持って、猫なで声で話しかけるものだ」と言ったが、この箴言《しんげん》をゼレンスキーは理解していなかったのだ。

我が国にも今もって「軍事ではなく外交で」と口にする人々が後を絶たない。なるほど外交が主であるのは正しい。だが、「力なき外交は無力である」ことを理解しておかねば同じ失敗を犯すはめになる。これもまた、日本が得た大きな教訓の一つである。

前述したが「危機を未然に防止する者は決して英雄になれない」と言われる。今、ゼレンスキー大統領は英雄になっている。だが我々には英雄はいらない。いや、英雄を生んではならない。

戦争の未然防止こそ我々の求める方向性であり、そのためには、戦争にしっかり備えなければならない。「汝、平和を欲するなら、戦争に備えよ」の箴言を今一度思い起こすべきだろう。

第二章

台湾有事目前！「力の信奉者」中国の野望

中国が愛する「2人のカール」

もう30年以上前のことになる。筆者が米国の大学に留学した際、私生活で中国人准教授に大変お世話になった。彼は天安門事件を機に、米国に亡命した有名な中国人ロケット科学者であった。

ある時、彼は中国政府から講演に招聘《しょうへい》されていると筆者に漏らしたことがある。中国には絶対に帰るべきではないと筆者は強く反対した。その2年後、どういう事情があったのか知らないが彼は帰国し、北京空港で中国当局に身柄を拘束され刑務所に収監された。大学は米国政府を動かし、米国を挙げて釈放運動を実施したが、なしのつぶてで今に至る。

留学中、筆者は「中国とはどういう国か」と彼に聞いたことがある。彼は即座に「2人のカールを愛する国」だと答えた。非常に新鮮な響きで、今なお強烈な印象として残っている。

「2人のカール」とはカール・フォン・クラウゼヴィッツとカール・マルクスである。クラウゼヴィッツは、有名な『戦争論』を書いた元プロシャの軍人である。マルクスは『資本論』で共産主義の理論的主柱になった人物である。

2人に共通しているのは「力の信奉者」であることだ。マルクスはクラウゼヴィッツから多大な影響を受けていると言われる。「戦争が止まるときは、両者の武力が均衡した時だけ」「平和というのは戦間期」「戦争は血を流す外交、外交は血を流さない戦争」「流血を覚悟してはじめて流血なき勝利が得られる」と、2人は多くの箴言を残している。

中国は、この「2人のカール」を愛する国らしく、相手が強いと下手に出るが、弱みを見せるとつけ込んでくる。中国の建国の父、毛沢東も16文字の詩を残している。「敵が進めば我は退き、敵が止まればこれを撹乱《かくらん》し、敵が疲れればこれを打つ、敵が逃げれば追いかける（敵進我退、敵拠我擾、敵疲我打、敵退我追）」

まさに中国共産党100年の歴史は「力の信奉者」のそれと符合する。

中国は「孫子」の国である。「孫子」も典型的な「力の信奉者」である。その真骨頂は「不戦屈敵」、つまり戦わずして勝つということである。「孫子」は次のように言う。「兵力が2倍あっても戦を仕掛けず、相手を分裂させよ。5倍あれば、戦を仕掛けてもよし。10倍あれば戦をしなくても敵は落ちる」と。

中国は鄧小平の「改革開放政策」と「韜光養晦《とうこうようかい》」（爪を隠し雌伏すること）により、飛躍的な発展を遂げた。経済力については2010年、日本を抜いてGDP世界第2位に躍り出た。2030年までには、米国を抜くとも言われている。

軍事については、1989年度から2015年度まで、国防費はほぼ毎年2桁の伸び率で軍拡を進め、1992年度から30年間で約42倍、2011年度から10年間でも約2・3倍に拡大した。ちなみに2021年度の公表額は約20兆3301億円と日本の防衛費の約4倍である。

経済力、軍事力で実力をつけ、鄧小平の遺訓だった「韜光養晦」はとっくにかなぐり捨てた。

2014年2月、中国の対外政策は『韜光養晦』から『奮発有為』（勇んで事を為す）へと大転換したと清華大学国際問題研究所・閻学通《えんがくつう》所長は述べる。それ以降、「戦狼外交」と言われるように、なりふり構わず威圧的、攻撃的になった。最近、ややソフトになったと言われているが本質は変わっていない。東シナ海、南シナ海での拡張主義的行動、香港、チベット、ウイグルでの人権弾圧、台湾への武力行使を公言するなど、「鎧」や「爪」を隠そうともしなくなった。

他方、米国の実力（軍事力、経済力）に肉薄しつつあるが、まだ及ばないことは自覚しているようだ。力を背景としつつ、正規戦、非正規戦、サイバー戦、あるいは「三戦」、即ち「心理戦・世論戦・法律戦」、また「情報戦」「ハイブリッド戦」、公然、非公然など何でもありの「超限戦」を駆使して戦わずして勝つ戦略を採用している。

21世紀の国際社会の最大の課題は、台頭する独裁国家中国にどう対峙《たいじ》するかであるといっても過言ではない。

なぜ今、台湾なのか

2022年10月、第20回中国共産党大会で習近平は台湾について「最大の誠意と努力を尽くして平和的統一を実現しようとしているが、武力行使の放棄を約束せず、あらゆる必要な措置を取る」と述べた。

中国の最優先課題、つまりコアな国益は3つある。1つは中国共産党による一党独裁体制の維持。これを守るためには戦争も辞さずと公言している。2つ目は国内社会秩序の維持、つまり分離独立の排除である。そして、この2つを支えるのが3つ目の経済成長である。

分離独立の排除については、「戦略的国境論」「失地回復主義」が影響する。

中国の戦略的国境論と失地回復主義について領土、領域に対する中国の伝統的な発想も押さえておく必要がある。一言で言うと、「力が国境を決める」という考え方である。中国はもともと中華思想の持主で、この発想は中国人のＤＮＡに刻み込まれており、中華人民共和国になった今も変わらない。

常に自分が文明の中心にある。その影響力は、力に比例して同心円状に拡がっていく。その影響下にある国は「臣下の礼をとれば、統治権は認めてやる」という「華夷秩序」、「冊封体制」の考え方は今なお変わりはない。現在は、これを「戦略的国境論」と呼んでいる。国力の増減によって影響力の範囲が変化し、影響力の届く範囲が国境であるという伝統的な考え方である。

また「東夷西戎《とういせいじゅう》、南蛮北狄《なんばんほくてき》」という言葉があるように、中国以外は縁辺であり、遠くなればなるほど文明度の低い国という「縁辺思想」は、潜在意識として現代中国にも受け継がれている。

中国はこれに「失地回復主義」が加わる。「もともと影響下にあったものは回復してしかるべきだ。それが偉大なる中華民族の復興だ」という発想である。「漢民族が過去に支配した地域、つまり明王朝時代の支配地域を再び自分の影響下に取り戻す」と言ってそれを実行しつつある。

「かつて明の宦官鄭和《かんがんていわ》がペルシャ湾まで行った。だからそこまで取り返す」「我々が影響下においた場所は、我々の領域である。たまたまアヘン戦争で影響力が縮小していただけで、もともと中国のものだ。だから南シナ海全域は中国のものだ。琉球も自分のものだ」ということである。

こんなことが現代の国際社会に通用するわけがない。だが実力をつけた中国は近年、なりふり構わず力による現状変更を目指すようになった。モンゴル、チベットの併合と民族同化政策に始まり、ウイグルにおける人権侵害、民族浄化は激しさを増す。そして香港の「一国二制度」を事実上崩壊させた。次は台湾だろう。台湾は中国にとって分離独立排除の1丁目1番地に違いない。

習近平は2013年3月に就任以来、「中華民族の偉大な復興」という壮大な目標を掲げてきた。2017年の党大会では30数回言及した。その最大の課題は毛沢東も成し遂げられなかった台湾の統一である。習近平には「第二の毛沢東」になるという野望がある。「第二の毛沢東」とはつまり、自らも終身主席になり、独裁者として中華帝国に君臨することである。是非とも自らの手で台湾統一を成し遂げ、終身主席への正統性を獲得したいと考えているに違いない。

選挙のない中国では、トップに君臨するためには、誰もが納得する成果が必要である。すでに定年も任期も延長した習近平だ。毛沢東も実現できなかった台湾統一を成し遂げることができれば、正統性確保の恰好《かっこう》のレガシーとなる。

2019年1月、習近平は台湾統一に向けて「武力行使は放棄しない」と明言した。2020年10月には、台湾への武力行使を念頭に「祖国の神聖な領土を分裂させるいかなる勢力も絶対に許さない。中国人民は必ず正面から痛撃を与える」と述べた。

2022年まで人民解放軍のトップであった許其亮《きょきりょう》元中央軍事委員会副主席も「受動的な戦争適応から能動的な戦争立案への態勢転換を加速する」と述べている。

また習近平は、前述の通り2021年7月の中国共産党創建100周年で「祖国の完全な統一は党の歴史的任務」と述べ、10月の辛亥革命110周年記念大会では「祖国の完全な統一は必ず実現しなければならない歴史的任務であり、必ず実現できる」と述べた。

2022年8月、ナンシー・ペロシ米国下院議長（当時）が訪台した直後に中国が公表した3回目の「台湾白書」から、1回目、2回目にあった重要な記述が消えた。「（台湾は統一後も）引き続き自前の軍隊を持てる」「中国は軍隊を派遣しない」という記述である。これは習氏が台湾への「一国二制度」適用をやめたことを明示したものである。統一後の人民解放軍台湾進駐を決めたと見ていいだろう。

「侵攻」「統一」に向けて着々と進む法整備

仮に平和的統一であっても、台湾に中国海軍、空軍が進駐すれば、周辺の制海権、制空権は中国に握られる。日本―台湾―フィリピンと連なる第一列島線は中国軍の動きを封じ込める機能を失い、米海軍のプレゼンスは後退する。日本のシーレーン（海上交通路）は中国に押さえられ、エネルギーの約90％、食料の約60％が中国に支配される。

中国の戦略原子力潜水艦は台湾・フィリピン間のバシー海峡を通って太平洋への出入りが自在となる。その結果、米国の戦略核の優位性は崩れ、米国が日本に差し掛けている「核の傘」は「破れ傘」と化す。となれば、台湾だけでなく、日本の中国属国化は必至となる。

台湾侵攻準備は着々と進んでいる。約1万人態勢であった海兵隊は3万人態勢に増勢され、潜水艦も56隻から2023年には約70～80隻へ増勢する。米海軍の潜水艦は現在71隻態勢であるが、米海軍の担当海域は7つの海である。中国の場合、台湾侵攻だけに70隻を投入できることになる。

水上艦艇についても、数的優位は中国海軍にある。2020年の時点で、中国海軍艦艇数は約350隻、米海軍は293隻。世界最大の海軍の座は、すでに中国に奪われており（「2020 China Military Power Report」による）、米海軍の焦燥感は強い。

台湾侵攻のための法整備はおおむね整ったと言ってよい。2010年に国防動員法、2015年には国家安全法が施行され、2017年には国家情報法及びサイバー・セキュリティ法、そして2021年には、改正国防法と海警法が施行された。2023年には反スパイ法が改訂されている。

改正国防法では、主権や領土の保全に加えて、海外権益などを軍事力で守る方針を明記し、共産党への忠誠を義務化して軍民の総動員を確実にした。

2021年2月1日に施行された海警法は、中国が恣意的に定義する「管轄海域」で外国船に対する武器使用を可能にした。それに先立つ2018年7月、海警局を武装警察部隊（以下「武警」）に編入した。武警は同年1月、すでに人民解放軍と同じ中央軍事委員会直属となっている。海警局のトップにも海軍出身者を配置した。海警の「海軍化」は完了した。中央軍事委員会の命令一下、海警は海軍の駒として活動できる。

この肝は、平時やグレーゾーンで、海軍を表に出すことなく、海警と海上民兵を主体に台湾侵攻の作戦準備を実施できることだ。

ウクライナ戦争でのロシア苦戦を目の当たりにした中国は、武力行使の準備はしつつ、「平和的統一」へ向け台湾住民に抵抗意志を喪失させる認知戦にも余念がない。台湾を孤立させ、威嚇、恫喝により台湾住民が抵抗意志をなくした時、「平和的統一」が完了する。

現在、大半の台湾住民は統一を望んでいないが、単独で中国と対峙できるとは思っていないことも事実である。そうした認識に付け込み、戦う前から戦意を喪失させるための認知戦は、すでに始まっているのである。

「2027年」が台湾侵攻のめどになるのか

すでに台湾有事は「あるかないか」の時期を超え、「いつ、どのような形で起きるのか」を考えるべき時期に来ている。ではいつ、中国は台湾侵攻に及ぶのか。

それを考えるためには、「これまで中国はなぜ台湾侵攻を行わなかったのか」について考えるのも有効だ。兵力不足が最大要因だが、「ナッシュ均衡」が保たれていたからという説もある。「ナッシュ均衡」とはゲーム理論で「戦略を変更することが誰の利益にもならない」状態をいう。

中国は「台湾が独立宣言しなければ、武力行使はしない」、台湾は「中国が武力行使しない限り独立宣言はしない」、米国は「中国が台湾に侵攻しなければ武力行使はしない」という立場を取ってきた。この三竦《すく》み状態が「ナッシュ均衡」である。バイデン政権は、「台湾侵攻があれば台湾独立を承認する」を加えて均衡を補強しようとしている。

この「均衡」を崩すかどうかは習近平の野望次第である。国家主席の任期は2023年に延長された。4期目の任期は2027年の党大会で決まる。

その2027年、つまり4年後には人民解放軍が建軍100周年を迎える。それまでに強硬派の軍部を納得させる成果がなければ、習近平は終身主席の座を諦めざるを得なくなる。2021年、フィリップ・デービッドソン米インド太平洋軍司令官（当時）の「6年以内に台湾侵攻の可能性があり得る」という議会証言に符合する。現在のインド太平洋軍司令官ジョン・アキリーノ大将は「大半の人が考えているよりもはるかに切迫している」と議会証言している。

ただマーク・ミリー統合参謀本部議長は「(現在は) 中国に台湾を侵攻できる能力はない」とも発言している。彼は習主席が、「台湾を占領する能力を発展させる計画を6年後に早めるよう人民解放軍に求めた」ことが、「6年後」の意味するところだと説明した。

そして「これは能力であり、軍事的に侵攻する企図及び動機は少ない」とした上で「しかしながら、台湾併合は中国の核心的利益である」と述べている。

同じ公聴会でロイド・オースティン米国防長官は「台湾統一が中国の目標であることは疑問の余地がない。その時期や時間的幅については、これから見ていく必要がある」と発言している。

2023年2月には、ウィリアム・バーンズCIA長官が「習近平国家主席が2027年までに台湾侵攻の準備を整えるよう軍に命じたことを示す情報を把握している」と述べた。一方で同月、コリン・カール米国防次官は下院軍事委員会の公聴会で「中国の台湾侵攻準備は2027年までには整わない」と述べている。

たしかに能力整備には時間がかかる。だが、為政者の意図は一夜にして変わり得る。独裁国家ではなおさらだ。地政学的に見て台湾有事は即、日本有事となる。危機管理の要諦は、最悪を想定した準備である。

台湾有事は日本の有事だけに、悲観的に準備をしておく必要がある。

日米両国が戦争も辞さず台湾を守る覚悟を示せば、台湾有事の抑止は保たれるだろう。

2022年3月の日米安全保障協議委員会（日米「2プラス2」）で中国を名指しし、「台湾海峡の平和と安定の重要性」が言及された。その後4月の日米首脳会談、そして6月のG7サミットで、また2023年の日米「2プラス2」、および日米首脳会談でもこれが強調された。

2023年5月のG7サミットでは、首脳声明でウクライナ侵攻を続けるロシアへの非難と並び、中国への牽制も盛り込まれた。中国が海洋進出を強める東・南シナ海情勢に深刻な懸念を示し、力や威圧によるいかなる一方的な現状変更の試みに強く反対すると表明したのである。

この意味は大きい。ウクライナ戦争は独裁者プーチンの誤算により勃発した。台湾についても習近平主席が誤解、誤算しないよう、先進諸国が結束し、戦う姿勢をしっかりと見せることが重要である。

「平和を欲すれば戦争を準備せよ」とは真理である。今、問われるのは、具体的行動であり、今、日米同盟に求められるのは「負担の分担」ではなく、「抑止力の分担」である。

「台湾有事は日本有事」、立ちはだかる憲法の壁

「台湾有事は日本有事」という場合、そこには二つの含意がある。一つは地政学的に日本

の領土、領海が戦場になるということである。台湾有事になれば、中国は台湾上空に飛行禁止空域を設定するはずだ。フォークランド紛争や湾岸戦争の例からみれば、台湾の距岸《きょがん》200海里が飛行禁止空域になる。その場合、一番近い与那国島はもちろんのこと、尖閣諸島、先島諸島などが飛行禁止空域に含まれる。日本の領域が即、戦場となるわけだ。台湾有事は日本有事であるとの当事者意識をもった日本の対応が求められる。

もう一つは、台湾が中国の手中に落ち、中国空軍、海軍が台湾に進駐すれば、日本のシーレーンは中国の支配下に置かれるということだ。シーレーンは日本の生命線である。エネルギーのほとんど、そして食料の約半分がシーレーンを通る。貿易立国は、シーレーンが自由で安全という前提で成り立っている。これを押さえられれば日本は中国の属国にならざるを得ない。日本は台湾と運命共同体なのだ。

にもかかわらず日本が単独で台湾防衛に参戦することは憲法上許されない。

ただ米国が台湾防衛に参戦すれば、日本は重要影響事態を認定して米軍の後方支援が実施できる。それが日本の存立危機となれば、防衛出動を下令して自衛隊は米軍とともに戦える。だが米軍が参戦しなければ、日本は為すべき術を持たない。

もし習近平がプーチンのように、核をちらつかせながら、台湾の武力併合を決心したら、米国はどう対応するのだろう。米国には台湾関係法はあるが、台湾防衛の義務はない。核戦争を覚悟してでも米国は台湾防衛に立ち上がるのか。それともウクライナ侵略戦争のように「米中が戦えば第三次世界大戦になる」といって早々に軍事力不行使を決めるのだろうか。

習近平はロシアによるウクライナ侵攻の状況から、核による威嚇恫喝の威力を再認識したことだろう。米国の一挙一動、国際社会の動向、そして経済制裁の実態など、今後の成行きを注視し、台湾併合の戦略を練り直しているに違いない。

台湾有事、7つのシナリオ

次に「台湾侵攻はどのように起きるのか」、つまり台湾攻略の戦闘シナリオについて考えてみたい。

今回のウクライナ侵略戦争で中国が学んだ戦訓は次の点だろう。

①長期戦は避け、短期戦で既成事実を作る
②制空権を確実にとる
③米軍を参戦させない。参戦する場合でも可能な限り遅らせる

④台湾住民の戦意を挫《くじ》き、諦めや敗北主義を蔓延《まんえん》させる
⑤市民を巻き込む戦闘を回避し、反中世論を抑制する
⑥報道規制を徹底し、台湾内での反戦世論を煽《あお》る
⑦先手を打って三戦（心理戦、世論戦、法律戦）を仕掛ける

2018年、米国防省は「中国軍事力に関する年次報告書」を議会に提出した。それによると台湾侵攻のシナリオは次のようになるという。

①海上、航空封鎖
②航空攻撃（ミサイル攻撃、精密爆撃）
③サイバー、電子戦を伴う限定的武力行使
④準軍事的手段による離島占拠
⑤着上陸侵攻

だが、ウクライナ戦争の戦訓をみれば、このシナリオはもう旧聞に属する。①②⑤は早々の米国参戦を招きかねないし、ガチンコ勝負になって勝利の目算が立たない。特に⑤については、何より現在の兵力では難しい。

本格的武力行使以外の作戦の蓋然性が高いが、米国防省は「中国の軍事力報告202

2」で以下のような可能性を指摘している。

①三戦（心理戦、世論戦、法律戦）と偽情報などを駆使した認知戦
②海上民兵による威嚇
③演習・ミサイル発射などによる軍事的威嚇
④重要港湾やシーレーンなどの封鎖
⑤離島占領
⑥斬首作戦
⑦航空機、ミサイルによる火力打撃

ここ数年で事態が起きることを考えるのであれば、台湾攻略の蓋然性が高いのは「ハイブリッド戦争」であろう。

2014年3月、ロシアは見事なハイブリッド戦争でクリミア半島を事実上、無血併合した。2022年のウクライナ戦争の失敗は、この成功体験からプーチンが甘い作戦見積りのまま戦争に突入した結果ともいえる。

ハイブリッド戦争とは「高度に統合された設計の下で用いられる公然・非公然の軍事・非軍事・民間の手段を使った戦争」と定義される（NATOの定義）。2014年のクリ

ミア半島併合では、正規戦、非正規戦、サイバー戦、情報戦などを組み合せ、わずか3週間でクリミア半島を占拠、併合した。

ソチ五輪閉会式の4日後、クリミア半島で事が起きる。朝起きると、テレビ、ラジオ、電話、インターネットが使えず、住民への一切の情報が遮断された。住民は何が起きているのか分からないまま、不安に陥る。国籍不明で階級章もついていない兵士が議会、行政施設、メディア、通信施設、空港を占拠し、クリミア自治政府の機能がマヒした。これがロシアの特殊部隊員であることが分かったのは数週間後である。

ウクライナ東部のドンバス地方では、ロシア軍に支援されたロシア系住民とウクライナ軍との戦闘が始まった。実際にはロシア軍によるサイバー攻撃、ドローン攻撃でウクライナ軍を圧倒した。ドンバス地方での戦闘は、その後8年間続き2022年の戦争に至る。

クリミア半島ではさしたる戦闘もないまま、次に登場したのは、軍人ではなく現地住民と政治家（煽動家）だった。親ロ派住民の煽動が始まり、自治政府の解散、ロシアへの併合を求める住民運動が起こる。ウクライナ本土との交通を遮断したのも、クリミア住民による自警団だった。

3週間後の3月16日、住民投票が強行され、9割以上の圧倒的賛成（実は3割程度だったともいわれる）を得た。翌17日、併合条約が締結され、クリミアの独立とロシア併合が決まった。わずか3週間で、九州の約7割にあたる領土、３００万人が住むクリミア半島が無血併合された。

ドンバスでの戦闘では、ウクライナ人死者は約1万３０００人（軍民含む）を超えた。情報が遮断され、変電所がダウンして停電になった。酷寒期でもあり、ウクライナ住民は寒さと飢えで極度の不安に陥り、諦めと敗北主義が蔓延し戦闘意欲を失った。見事なハイブリッド戦の勝利であり、プーチンの支持率は9割を超えた。

２０２2年のウクライナ侵攻では、ロシアは当初、ドンバス地方の「ドネツク人民共和国」と「ルガンスク人民共和国」の独立を承認し、両国からの要請を受けた形でロシアの平和維持軍を派遣するとしていた。この小規模な事案だけであれば、欧米諸国は対応に苦慮しただろうとバイデンは吐露している。

だがプーチンはウクライナ全土に侵攻し、明白な侵略行為に出た。早々に武力不介入宣言をしたバイデンの弱腰を見てとったプーチンは、この機を逃さず打って出たのだろう。明らかな侵略行為に国際社会は覚醒して結束し、プーチンは孤立した。

習近平はプーチンの光（クリミア併合の成功）と陰（ウクライナ侵略の失敗）の両方を

学んだはずだ。当然、台湾版ハイブリッド戦争を徹底して研究しているものと思われる。

「あっという間に情報孤立」、台湾版ハイブリッド戦争の趨勢

では、台湾版ではどのような様相になるのだろう。

台湾は島国である。海外からの情報を遮断することは比較的容易だ。台湾への海底ケーブルは3カ所で陸揚げされており、簡単に切断できる。これが切断されると海外情報の95%以上が途絶する。残りは通信衛星に依拠するが、これも電子妨害で遮断できる。海外との情報が遮断されると、台湾は情報鎖国となり孤島化、孤立化する。

加えて国内ネットワークがサイバー攻撃で妨害されれば、住民の疑心暗鬼、不安は極度に高まり、親中派の煽動やデマに流されやすくなる。同時並行的に対空レーダーに電子妨害を仕掛け、夜間のヘリボーン作戦（ヘリコプターによる兵員・物資空輸）で特殊部隊を要所に送り込む。台湾海峡は200㎞弱であり、1時間余りで台北に数千人の兵力を送り込める。

行政施設、メディア、通信施設、空港などの要所を占拠し、蔡英文総統を拉致する。この作戦であれば数千人の特殊部隊で事足りる。

台湾住民の不安が高まる中、デマやフェイクニュースを流し、恐怖、不安を煽って諦めや敗北主義を惹起《じゃっき》させる。「蔡英文は米国に亡命した」といったデマも流布されるだろう。住民に敗北主義が蔓延した頃、親中派住民主導による住民投票が強行される。投票の結果、親中政府の樹立と台湾併合が可決される。こうなれば日米両国は手の下しようがない。これが台湾版ハイブリッド戦争の雛型である。

ハイブリッド戦争が成功するかどうかは、台湾住民の戦闘意欲次第である。人民解放軍に対しては、単独で台湾軍が抵抗しても勝ち目は薄い。筆者が２０１０年に訪台した時、「本格的武力侵攻があれば、早々に屈服した方が被害は少ない」と真顔で述べた将官がいて驚いた記憶がある。

台湾住民に孤立感を与えてはならない。日米はじめ民主主義国が一丸となって台湾を守り、ともに戦う姿勢を示してはじめて台湾軍や住民に安心感を与えることができる。諦念や敗北主義が蔓延しないよう心理的支援を強力に推し進める「台湾版認知戦」をこちらが仕掛けること、これがハイブリッド戦争の抑止力となる。

２０１９年、台湾からの飛行情報共有要請を日本政府が拒否したという。事なかれ主義の典型であり、ハイブリッド戦争抑止という観点からも大失策であった。日本政府は猛省しなければならない。

何より、ハイブリッド戦争には日本への工作も含まれる。制空権なき現代戦に勝利は難しい。台湾有事における制空権獲得の障害は嘉手納基地の米空軍である。これを平時の内に、できれば攻撃することなく無力化しておくことを考えているはずだ。

一つの方策として、尖閣諸島の久場島《くばしま》にS400地対空ミサイルを配備することが考えられる。尖閣諸島の久場島は、国有化されず唯一私有地のままで、今でも日米地位協定上は米軍専用射場になっている。だが、1978年(米中国交正常化の一年前)に凍結がかかり、それ以降、使用されていない。久場島は尖閣諸島の中で唯一山がない。レーダー波を遮蔽する山のない開豁地《かいかつち》のため、地対空ミサイル配備の適地である。無人島で占領も容易だ。

S400地対空ミサイルはロシア製であり、現在、中国は8セット保有する。400km先の6目標を同時攻撃でき、ステルス機や極超音速ミサイルや弾道ミサイルにも対処可能と言われ、世界最強の地対空ミサイルである。NATO加盟国であるトルコが導入を決め、米国から制裁を受けた。インドも導入を決め、米国が難色を示している。

仮に久場島にS400が設置されると、射程圏内に嘉手納基地が含まれる。その場合、嘉手納の米空軍は横田、三沢、グアムまで下がらざるを得ない。これで嘉手納基地の無力化が実現する。久場島は戦略的要地であり、台湾有事の「２０３高地」になり得ると筆者は懸念している。

尖閣諸島は日本の固有領土であり、もし中国の地対空ミサイルが持ち込まれれば防衛出動事態であり、米空軍も静観しないという人もいる。だが、平時に海警と海上民兵が主体となって久場島にＳ４００の陸揚げを試みれば、「平時法制」のない日本はこれを阻止できない。

海上民兵は命令一下、海警の指揮下で動くが、外見上は漁船であり、対応は海上保安庁の任務である。海上民兵に海警の護衛が付けば、海上保安庁の警察権では対応できない。

平時における海警を使った作戦準備に対しては、海上保安庁が対応しなければならないが、海保にはその任務も権限も与えられていない。かといって平時であり、これだけでは、武力攻撃事態の認定は難しい。従って、米軍、自衛隊を出動させることは法的にも難しい。海自を出動させるにしても、「海上警備行動」であろうが、これは警察権行使に限定され、実力阻止は難しい。何より、出動させれば中国は「先に軍を出したのは日本だ」と世論戦を張るだろうし、中国海軍を出動させる口実を与えかねない。そこが中国の狙い目なのだ。

2021年2月、中国では海警法が改正されて、海警は平時、有事にかかわらず武力行使が可能となった。日本の海保との権限と力の差は天と地ほど違う。

何より、陸揚げが完了するまでは、搬入物がS400という兵器であることが分からないため、武力攻撃事態の認定もできず、自衛隊が武力で阻止というわけにもいかない。当然、日本政府が得意な「遺憾砲」（「きわめて遺憾である」との発言）の効果もなく、結局は上陸、陸揚げを許し、気が付いてみたらS400だったということになりかねない。

一旦設置されれば、空爆や艦砲射撃でこれを潰すというわけにもいかない。武力攻撃事態の認定が必要であり、そんな胆力は今の政権には期待ができない。何よりそれをやれば、力による現状変更を日本がやっていると国際的非難を浴びることになる。上陸及び陸揚げの未然阻止が肝である。だが、「平時法制」が整っていない虚を突かれるとこうした事態を招くことになる。

海上民兵は1985年に組織され、米海軍分析研究所によれば、現在約75万人・14万隻が従事しているという。普段は漁船であるが、命令一下、領有権主張や資材運搬等、軍の支援に従事する。機雷敷設訓練を実施している写真も米国防省が公開している。

中国による本格的台湾侵攻は、すぐには起きないかもしれない。だが、こうした台湾版ハイブリッド戦争なら、明日にでも起こり得ると考えるべきだろう。

「ロシアとの共倒れは避けたい」……習近平の野望

習近平には毛沢東のように終身主席となり、独裁皇帝として中華帝国に君臨するという野望があると指摘した。

実際、2017年には党規約に「習近平による新時代の中国の特色ある社会主義思想」という個人名を冠した思想を載せた。個人名を冠した思想は毛沢東・鄧小平以来である。2018年には中華人民共和国憲法を改正して「習近平思想」を盛り込み、国家主席の任期2期10年の制限を撤廃した。

2021年には共産党中央委員会総会で「歴史決議」を採択し、習近平氏の業績を礼賛している。2023年には定年と任期を超えて主席の座に座り続け、「終身主席」への一歩を踏み出した。

一方で、習近平にとってのマイナス材料もある。北京五輪は成功裡に終わったものの、コロナ以降も経済は低迷が続き、不良債権問題も顕在化しつつある。2022年末には「白紙革命」と呼ばれる中国人民の無言の抗議活動も話題になった。

厄介なのがウクライナ戦争の勃発である。習近平はプーチンとの蜜月関係を維持して米国と対峙し、台湾有事にはロシアの支援を期待していた。だが今やプーチンは国際社会から孤立した。戦争に勝ったとしてもロシアの国際社会からの孤立は続くだろう。このプーチンから経済支援のみならず軍事支援の要請が出てきた。習氏が対応を誤ると、ロシアと共倒れになる可能性もある。

そこで中国はロシアとウクライナの仲介役を買って出るなど、国際社会へのアピールに余念がない。

こうした習近平の態度に「騙された」わけではないだろうが、フランスのマクロン大統領は2023年4月5日に訪中し、習近平と会談した。帰国の途上、マクロンは台湾問題に関して、「欧州は中立的であるべきだ」との見解を示し、「欧州を代表する見解ではない」と批判を浴びた。帰国後、「現状変更を認めないというフランスや欧州の立場は変わらない」と軌道修正したものの、欧州にとって「台湾有事」はしょせん「対岸の火事」という本音が透けて見える。

台湾の戦略的価値は、欧州と日本とでは地政学的にも大きく異なる。欧州にとって台湾有事は「国際的一大事」であるが、日本にとっては「日本有事」である。中国による台湾併合は、その手段が軍事的か平和的かにかかわらず、日本にとって国家の一大事なのだ。軍事的手段による台湾併合だけが問題視されるが、認識を改める必要がある。

日本が早急になすべき4つのこと

目下、国際社会はウクライナにくぎ付けになっている。ウクライナ戦争前、ほとんどの専門家はロシアの全面侵攻を否定していた。繰り返しになるが、安全保障は「まさか」ではなく「もしかして」と捉えて身構えておくことが重要である。日本が早急に為すべきことは以下の通りである。

①日米安全保障協議委員会「2プラス2」(2021年3月)の声明に基づき、台湾防衛の日米共同作戦計画を策定し、日米共同訓練を実施する。

②海保を強化し、海警との非対称性を解消して「力の空白」を埋める。このため海上保安庁法改正、自衛艦の巡視船としての活用、自衛官OBの活用等の緊急施策を実施する。

③久場島での射爆撃訓練の再開。1978年の使用凍結を解除させ、日米共同射爆撃訓練を実施する。

④自衛隊、海保、警察、消防等との連携を密にし、台湾有事の即応態勢を確立する。
安全保障の要諦は最悪の事態に備えることである。「もしかしたら」と捉えて準備する。仮にそれが空振りに終われば、「狼少年」と非難するのでなく、むしろ「良かった」と喜ぶべきである。これは安全保障の宿命である。結果的に空振りになってもいい。万全の準備を行い戦争の未然防止に徹することが求められる。

対中国機スクランブル激増の理由

台湾有事は日本有事、と繰り返し述べているが、日本そのものの危機レベルが高いゾーンも存在する。言うまでもなく、尖閣諸島だ。

尖閣諸島と言ってもすでに海だけの問題ではなくなっている。多くの人が忘れているのではないかと思うが、南シナ海・東シナ海の上空で中国軍機が異常な挑発行動を取る事例が相次いだのは２０１６年のことだった。以降、中国軍機に対する空自側のスクランブル（緊急発進）回数は激増している。

２０１６年6月には、中国海軍のフリゲート艦や情報収集船が、尖閣周辺の接続水域、口永良部島《くちのえらぶじま》周辺の領海に侵入したが、これと軌を一にするように中国軍機、それも戦闘機

空自スクランブル回数の推移

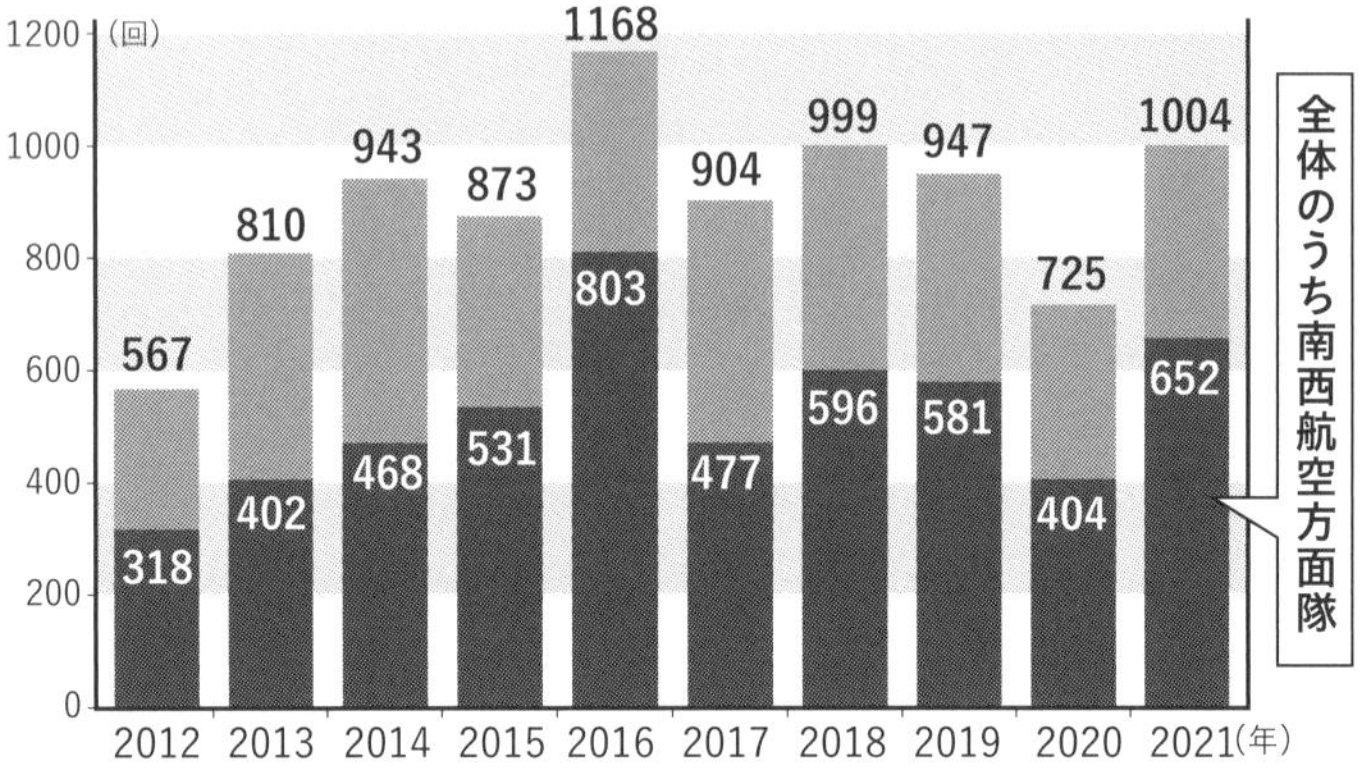

※17年６月までは南西航空混成団

の動きも活発化していたのである。

筆者は当時、スクランブルに上がった空自機と中国機とのつばぜり合いをネットニュースサイトで解説。「空自スクランブル機に対して攻撃動作を仕掛けてきた」「このままでは尖閣上空の実効支配が進むか、事故や衝突など悲劇が起きる可能性がある」と指摘し、政府が中国政府へ抗議、再発防止などを要求すべしと論じた。

だが「攻撃動作」に関し、ニュースでは取り上げられたものの、むしろ当時のH官房副長官が会見で「ミサイル攻撃動作を掛けられたという事実はない」と否定し、筆者の論考を「不適切」と切って捨てた。中国側は逆に「東シナ海を巡行していた中国軍機に、空自機が高速で近づきレーダーを照射。中国軍機が対応したところ、空自機はフレアを噴射し、逃げた」と空自を悪者に仕立て上げた。

まさに一触即発の事態だったが、政府もメディアも事の重大性を理解せず、中国政府に危険行為を抗議するどころか、「ミサイル攻撃があったかなかったか」「誰が事態を漏らしたのか」といった表層的でピントの外れた国内対応に終始した。

後日談であるが、数年後、筆者はH氏に事案の全体像を説明する機会があった。事の重大性を説明し、中国に対する抗議もなく、再発防止の要求もない当時の政府の対応の拙《つたな》さを指摘した。

氏は状況を理解し、「知らなかった」「記者会見の応答要領に『不適切』とあったのでそのまま述べた」「大変申しわけなかった」と素直に詫びられた。その真摯な態度に、筆者は矛を納めるとともに、H氏の人間性、将来性を認め、今後期待し得る人材だと確信した。反面、事の本質を理解せず、犯人探しに奔走する防衛省内局官僚の視野狭窄《きょうさく》、事なかれ主義に憤りを覚えたのを思い出す。

戦闘機の機動については、一般論として解説しておけば、「攻撃」と「攻撃動作」は全く違う。対空侵犯措置実施時における戦闘機の機動は、彼我不明機に対しては、相手が脅威と感じぬよう刺激を避けるようにして大きく回り込み、横後方に位置を占めるのが国際的な標準機動である。

これを「スターン」機動と呼んでいる。「スターン」とは船舶用語であり、「後方」を意味する。横方向に占位後は、必要に応じ相手操縦者から見える横位置に移動する。国際民間機関（ＩＣＡＯ）が定めた信号など相手に目視で伝達できる位置への占位機動である。

相手が戦闘機の場合、スターン機動を取るスクランブル機に対し、機首を向けてくる機動は「カウンター」機動と呼ばれ、通常、攻撃動作として扱われる。直ちに「攻撃」とは判断できないものの、攻撃意志があるかもしれないと見なされるからだ。

戦闘機操縦者は一瞬で事態を判断する能力を求められる。その後、対象機には無人機まで加わってきた。日本の空の主権を守るため、空自戦闘機操縦者たちは、日夜を問わず、文字通り孤軍奮闘、人知れず身の危険を顧みず、最前線で体を張っている。

中国のサラミ・スライス戦略

海上の環境は悪化の一途をたどる。前述のように、中国の全国人民代表大会常務委員会は２０２０年12月26日、「国防法」改正案を可決した。主権や領土の保全に加えて、海外権益などの利益を守るための軍事力行使を認めるもので、２０２１年、年明けから施行された。

これに続き海警法が1月可決され、2月1日施行された。新たな海警法では、外国船が中国管轄海域で違法活動を実施し、停船命令に従わない、あるいは警告効果がない場合、海警局所属の公船（以下「海警」）が当該船舶に対して武器を使用できるようになる。注目すべき点は、海警が法執行のみならず「軍事作戦」を遂行できることだ。

この二法改正の対象に尖閣諸島があるのは明らかである。

尖閣諸島において、海警による領海侵犯が常態化している。日本政府が抗議や遺憾の意を示しても、中国は「尖閣は我が領土」を繰り返すばかりである。行動はますます居丈高になっている。国防法と海警法の改正により、既成事実化だけでなく、力による領有権奪取が可能になる。

2017年2月、安倍・トランプの日米首脳会談で、尖閣諸島が安保条約5条の適用対象であることが日米共同声明で初めて明文化された。2020年末にも、菅義偉首相と大統領就任前のジョー・バイデンとの電話会談で、尖閣諸島の安保条約5条適用が再び確認された。政府は自慢げに、メディアは安堵したように伝えたが、日本の領土を守るのは米国ではなく日本である。当事者意識の欠けた論調に嫌悪感を覚えたのは筆者だけではあるまい。その話はここでは触れない。

安保条約第5条にはポイントが二つある。

「各締約国は、日本国の施政の下にある領域における、いずれか一方に対する武力攻撃が、自国の平和及び安全を危うくするものであることを認め、自国の憲法上の規定及び手続に従って共通の危険に対処するように行動することを宣言する。（以下略）」

とあるように、まず、日本の施政下になければ安保条約は適用されないということだ。不法占拠されている竹島や北方領土は、施政下にないので適用対象とはならない。

二つ目は、日本が攻撃されても米国は自動参戦ではないことだ。日本の施政下にある領域に武力攻撃があっても、米国は憲法上の規定や法律上の手続を踏んで参戦の是非を決める。NATOや米韓同盟のような自動参戦ではない。

中国はこれを熟知した戦略で挑んでいる。中国は米国とは事を構えたくない。まだ米国が圧倒的優位を占めている。

他方、尖閣は核心的利益と宣言している。核心的利益というのは、武力を使ってでも奪い盗るという意味である。戦略の要は米国とは戦わずに尖閣を奪いとるという点だ。

中国は「孫子」の国である。孫子の兵法の肝は不戦屈敵、つまり戦わずして勝つことである。すでに述べたが、孫子の兵法では、敵より2倍の兵力でも攻撃は控え、先ず内部分裂させよ、5倍なら戦うべし、10倍あれば戦わなくても敵を屈することはできるとしている。現在、中国の軍事力は自衛隊単独ならば、すでに5倍以上ある。だが日米の兵力が合わされば、5倍には及ばない。従って当面は、軍事力を用いず「三戦」で臨む。三戦とは「心理戦」「世論戦」「法律戦」であり、これを駆使し、熟した柿が落ちるように奪い盗る。つまり安保条約五条が適用されないよう、軍を投入せず、法執行機関である海警を使って実効支配を奪い、施政下にない状況を作り出す。

サラミを少しずつ切りとるように実効支配を奪うことから、「サラミ・スライス戦略」とよばれる。月に3回、3隻の海警を2時間、尖閣の領海に居座らせる。まさに判を押したようなマニュアル的行動なので3・3・2フォーミュラと言われていた。それが最近になって3・4・2フォーミュラへ、2023年3月には4・6・3フォーミュラとステージをあげている。つまり、月に4回、6隻の船を、3時間、居座らせている。

このように、接続水域には、ほとんど毎日のように海警が居座っている状況がある。

2020年11月19日の時点で、300日間連続接続水域に居座ったことがニュースになった。以降も、接続水域・領海内への中国船の侵入は続いている。2022年には、尖閣諸島周辺の接続水域内で海警が確認されたのは336日で過去最多となった。ほとんど1年を通して海警が居座るようになったと言っていい。

中国はそれを国際社会に向けて発信する。曰く「中国側は日本が長年、主張してきた尖閣諸島の統治の実権をすでに奪った」（国防大学戦略研究所孟祥青《もうしょうせい》所長論文）。曰く「巡視船による航行を常態化させたことで日本による長年の『実効支配』を一挙に打破した」（「学習時報」）と。

中国がすでに実効支配し、日本の施政下にはないことを全世界に喧伝する。尖閣がもはや安保条約五条の対象ではないことを間接的に米国世論に訴えている。これが世論戦である。

2020年11月、日中外相共同記者発表で王毅《おうき》外相（当時）は「日本の漁船が釣魚島周辺の敏感な水域に入る事態が発生している。中国側としてはやむを得ず、必要な反応をしなければならない」と海警の領海侵入を正当化し、尖閣諸島の領有権を主張した。

これに対し、当時の茂木敏充外相は適切な反論ができず、国際社会に対し、中国の領有権主張だけが発信される失態をしでかした。見事に世論戦にやられたことになる。

中国海警局に所属する船舶による接続水域内確認日数と、領海侵入件数

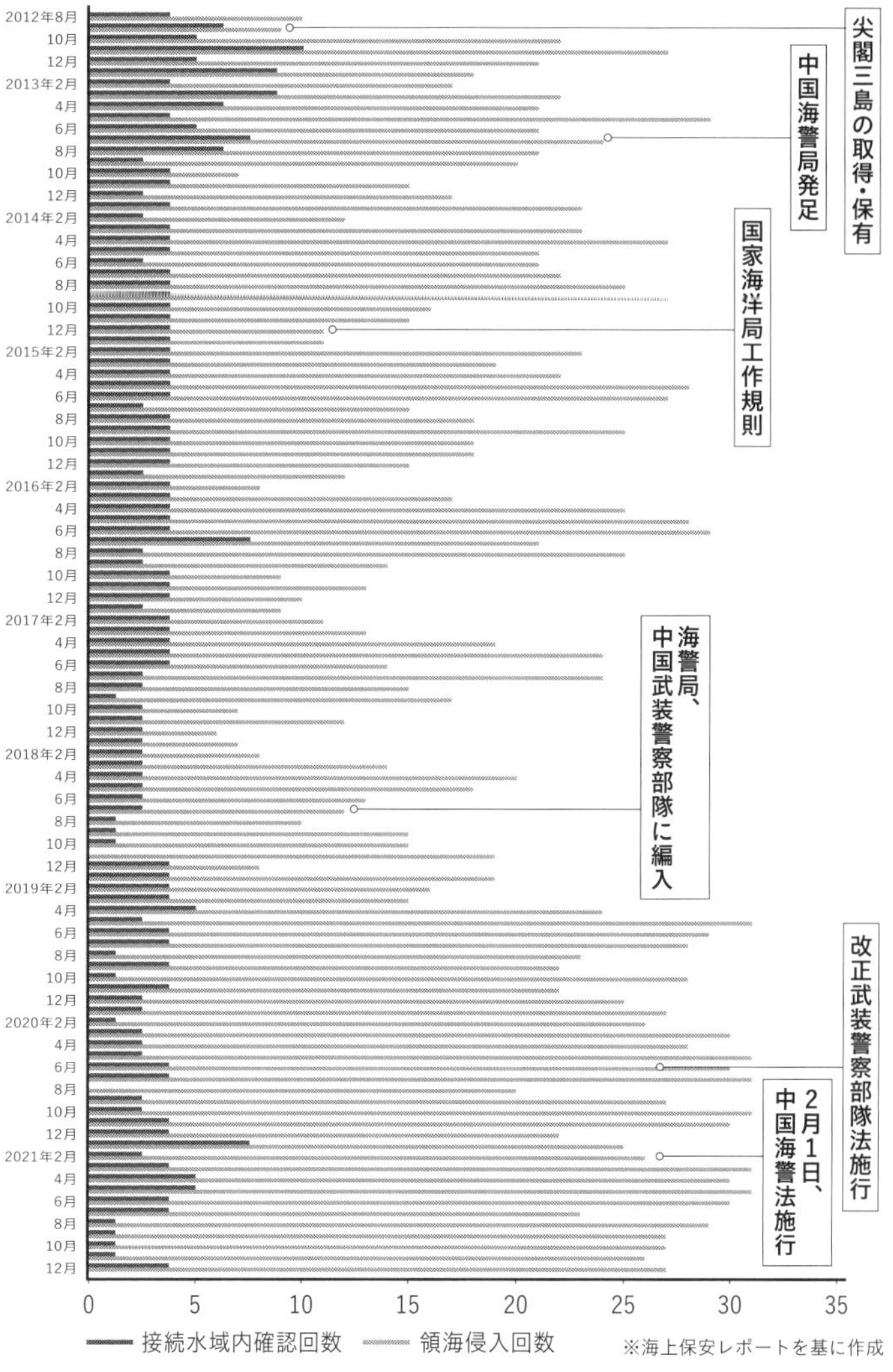

※海上保安レポートを基に作成

中国海警を使う「ホワイト・シップ・ストラテジー」

第2の戦略は、ホワイト・シップ・ストラテジー（White Ship Strategy）と呼ばれる。中国側が先に軍を投入すれば、安保条約5条が発動される可能性がある。海警だけであれば法執行であるため、安保条約は適用のしようがない。軍の投入で国際社会から批判を受け、中国の孤立化が進むことを避ける狙いもある。

中国経済はグローバル経済に拠《よ》って立つ。トランプ政権以降、米国は中国との貿易戦争に突入した。また香港、ウイグル、チベット、内モンゴルなどの人権問題でも国際社会の見る目は厳しい。バイデン政権は人権に厳しく、中国との対決姿勢は崩していない。ウクライナを侵略するロシアを意識して「民主主義国VS権威主義国」の構図も使って、圧力を強めている。このまま世界で孤立すると、グローバル経済に依存する中国経済は成り立たなくなる。

軍でなく海警の投入であれば国際的批判は少ない。たとえ軍艦並みに能力強化した海警であっても、海警は軍ではない。だが軍艦化された海警に対して、海保は手も足も出ない。海警が武器を使って海保を尖閣周辺から強制的に排除できれば、軍を投入せずとも目的は

中国海警局に所属する船舶による年間の接続水域内確認日数

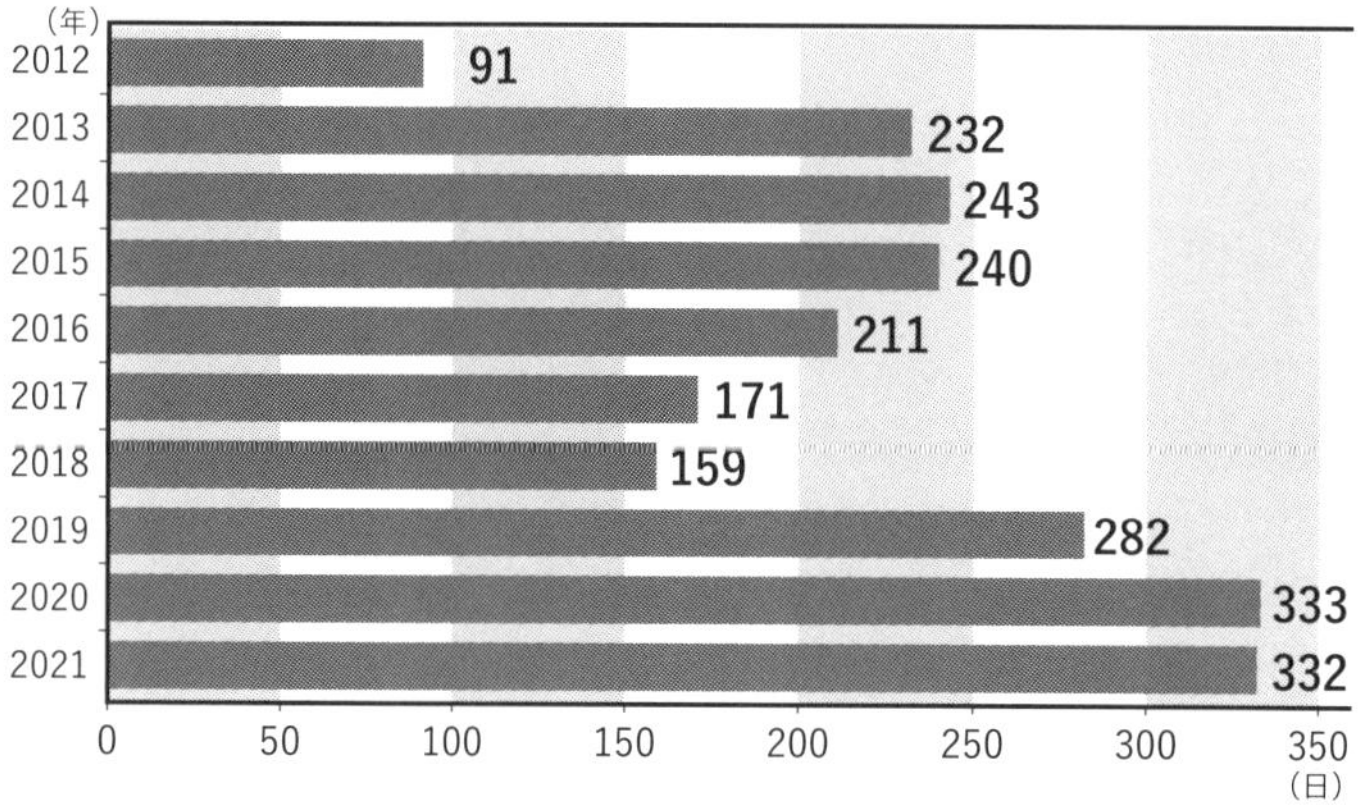

※海上保安レポートより

達成できる。

国防法、海警法改正でそれが可能になった。海警は国際的には沿岸警備隊だから船体は白く塗装されている。だが実質的には軍艦であり、白く塗った軍艦といえる。White Ship Strategyと呼ばれるわけだ。

海警のハード、ソフトの「軍艦化」は近年著しい。2018年7月、習近平国家主席は海警局強化を指示し、海警局は武装警察部隊（武警）に編入され、武警は同年1月、すでに人民解放軍と同じ中央軍事委員会直属となったことは先にも述べた。これにより海警は海軍と一体化した。ちなみに海警局のトップも海軍出身である。今回の海警法改正も「軍艦化」の一環である。海保に対する武器使用が正当化される。

また中央軍事委員会の命令一下、海警が「軍事作戦」を遂行できる。他方、海上保安庁は国土交通省隷下であり、有事には防衛大臣の指揮下に入るものの、平時は別々の指揮下にある。また後述する理由で海上自衛隊との軍事的連携はとれない。海保の武器使用については、海上保安庁法で厳格に縛られている。拉致犯罪のような「重大凶悪犯罪」の要件を全て満す場合を除いて、武器の使用は人に危害を与えてはならない。何より海保は、「防衛任務」はもちろん、「領域警備」の任務さえ与えられていない。

海警はハード面の能力向上も著しい。海警は海保に比して、大型で重武装である。海保の装備が20ミリ、30ミリ機関砲に対し、海警は76ミリ速射砲を装備している船もあり、大型化、武装化が著しい。2023年には大型船の隻数が157隻に上り、過去10年で4倍に増えた。1000トン以上の隻数は、すでに海保の3倍を超える。近年、1万2000トン級のヘリコプター搭載型大型警備船まで投入してきた。計10隻の建造計画があるという。海保は最大の巡視船が7155トンの「しきしま」1隻である。

海警と海保との非対称性は広がる一方であり、力のバランスが崩れつつある。中国は力の信奉者であり、相手が弱いとすかさず軍事行動に出る。今後、海警が堂々と武力で海保を排除し、領有権を奪取する行動に出ることは十分にあり得る。

中国海警局の船舶と、海保の巡視船、一般の漁船との比較

中国船130m
(5000トン)

巡視船43m
(200トン)

漁船14m
(9.7トン)

恵隆之介氏twitterより転載

繰り返すが、相手が海警である限り、安保条約5条の発動は難しい。

そこで海上自衛隊と海上保安庁の連携が必要という話になるが、ここで注意が必要なのは以下の点だ。安倍政権以降、海保では手に負えなくなったら、躊躇なく海自を出動させるとしてきた。だがこれは悪手であり絶対にやってはならない。中国の罠に嵌《はま》ることになる。

海自を出動させるにしても、法的根拠は「海上警備行動」に限られることは既述した。海上警備行動は警察権の行使であり、防衛行動ではない。基本的に海保以上のことはできない。手足を縛られた海自が、軍事作戦ができる海警に苦戦を強いられるのは間違いない。

防衛出動を下令すべきとの意見もある。だが相

手は国際法上、法執行の海警である。当然中国は「先に軍隊を出したのは日本だ」「日本がエスカレートさせた」「悪いのは日本だ」と世論戦を張るだろう。何より中国海軍を出動させる口実を与えることになる。

世論戦によっては、安保条約5条が適用されないこともあり得る。繰り返すが安保条約は自動参戦ではない。米国は憲法の規定、手続に従って尖閣への出動の是非を決定する。米国世論が「やはり先に軍を出した日本が悪い」となれば、海自が血を流して苦戦していても米軍の来援が得られない可能性もある。中国の狙いはそこにある。

海保の強化、海自との連携を急げ

では日本は何を為すべきか。先ずは海保を強化することだ。海警に対しては、海保が単独で対応できなければならない。海警との非対称性をなくし、力のバランスを復元する。早急に実施すべきは海上保安庁法の改正である。中でも25条の改正は喫緊の課題である。

海上保安庁法第25条は以下のようになっている。

「この法律のいかなる規定も海上保安庁又はその職員が軍隊として組織され、訓練され、又は軍隊の機能を営むことを認めるものとこれを解釈してはならない」

この規定がある限り、海保が尖閣を「防衛」することはもちろん、領域警備の任務も果たせない。背後に構える海自との軍事連携もできない。近年、ようやく海保と海自の無線周波数が共通化され、現場レベルの連携はかなり進んだ。だが小手先の改善では根本的問題は解消しない。

このような規定があるのは日本だけだ。世界の沿岸警備隊は準軍事組織である。米国の場合、第5軍と言われている。陸・海・空軍・海兵隊、そして沿岸警備隊だ。法執行の警察行動とともに防衛のための軍事行動もとれる。

なぜこんな規定ができたのか。海上保安庁法は、1948年、ダグラス・マッカーサー率いるGHQ占領下に策定された。朝鮮戦争が起きる前であり、マッカーサーは憲法9条のとおり、非武装の日本を建設しようと本気で考えていた。

四面環海の日本にあって沿岸警備隊の必要性が持ち上がった際、憲法9条の手前、再軍備ではないことを明確にしたかった。警察権行使の海保であり海軍ではない。これを明確にするために、あえて25条を書き込んだ。それが「軍隊として組織され、訓練され、軍隊の機能を営むことを認めることはできない」である。従って、海保には「我が国防衛」の任務はない。「領域警備」の任務さえ明文化されていない。

任務が規定される海上保安庁法第2条は次の通りである。

「海上保安庁は、法令の海上における励行、海難救助、海洋汚染等の防止、海上における船舶の航行の秩序の維持、海上における犯罪の予防及び鎮圧、海上における犯人の捜査及び逮捕、海上における船舶交通に関する規制、水路、航路標識に関する事務その他海上の安全の確保に関する事務並びにこれらに附帯する事項に関する事務を行うことにより、海上の安全及び治安の確保を図ることを任務とする」

海保の任務はあくまで「海上の安全」と「治安の確保」である。防衛任務はおろか、実質上実施している領域警備の任務さえ明記されていない。これだと海警法が改正されて「軍事作戦」が遂行できる海警とは太刀打ちできないのは明らかである。

問題は、この25条改正に国土交通省が反対し、海保も警察権行使に限定されていることを誇りに思っていることだ。自衛権行使に反対し、国防を忌嫌う。戦後レジュームが未だに脈々と生きているようだ。

連携の障害は海保法25条にあり

もう20年以上も前のことである。筆者が現役時代、この25条の歪《いびつ》さを痛感したことがある。筆者は航空幕僚監部で防衛力整備を担当していた。その時、海保の巡視船に対空レーダーを搭載してもらおうという計画が持ち上がった。海保は尖閣周辺に4隻常駐させていた。この巡視船が対空レーダーを装備し、その対空情報を空自が共有できれば尖閣周辺のレーダー死角がカバーできる。

尖閣に最も近い空自レーダーサイトは宮古島にある。それでも170km離れている。地球は丸いため、遠く離れれば低高度のレーダー死角が増える。死角が増えればスクランブル発進が遅れ領空主権は守れない。これを埋めるにはE2Cなどの早期警戒機を飛ばさねばならない。だがE2Cは高価（200億円以上）であり、しかも24時間常時飛行させておくというわけにもいかない。

巡視船に対空レーダーを装備してもらえば安価で尖閣諸島の効果的監視が可能になる。空自が予算を持つので、海保には迷惑をかけない。この構想で海保と調整しようとしたところ、25条がネックとなり門前払いになった。「軍隊の機能を営むこと」はできませんと。海保に対し、空自の軍事行動に手を貸せと言うわけではない。空自の予算で、しかも空自が維持整備するので迷惑はかけない。巡視船のスペースを一部貸してくれというだけの話である。海保の巡視船も国有財産である。国有財産を効率よく使って国を守ることがなぜできない。原因が一片の法律条文だと知り愕然としたのを思い出す。これこそ、「縦割り行政」そのものである。

現場での意思疎通は改善されたとはいえ、海保と海自の軍事的連携が法的に禁止されているというのもおかしなものだ。相互支援ができぬようあえて使用する燃種（重油と軽油）も変えているともいわれる。

また海警の船は軍艦構造であるが、海保は商船構造である（「しきしま」を除く）。海警に衝突されて船体に穴が開けば、海保の巡視船は容易に沈む。これも25条の結果と聞く。海保の体制強化は急務である。２０１０年9月の中国漁船体当たり事件をきっかけとして、海保は２０１５年末、尖閣諸島専従部隊を創設し、巡視船12隻、６００人体制で事実上の領域警備にあたっている。「警備」だけならともかく「領域警備」なら明らかに不十分だ。

海保の巡視船は大半が３５００トン以下である。海警に比して大型化も遅れをとっている。２０２０年12月、菅首相は「領海警備のための大型巡視船を整備したい」と関係閣僚会議で述べた。巡視船の大型化だけでなく、武器等装備品の充実も欠かせない。先ずは海保法25条を廃止し、2条に「防衛任務」を明記することだ。これには強力な政治的リーダーシップが必要である。海軍化する海警に直接対峙できるよう海保の強化は急務である。このまま非対称性が広がれば、ロシアがウクライナを侵略したように中国が行動を起こす可能性も出てくる。2023年4月、政府は有事の際、防衛大臣が海保を指揮下に入れた時の「統制要領」を策定した。だが問題は、平時における海保と海警の非対称性であり、力の均衡の回復は急務なのだ。

尖閣諸島を守るために、今為すべきこと、すぐにできることがもう一つある。それは前述の尖閣諸島・久場島、大正島の米軍専用射爆撃場を使って日米共同訓練を実施することである。

南西諸島には5つの米軍専用射爆撃場がある。その内、2カ所、久場島、大正島は尖閣にある。米中国交回復の動きを受け、1978年以降使用されていないが、地位協定上、米軍専用射爆撃場としては今も有効である。米空軍F4戦闘機が嘉手納基地に駐留していた頃は、対地攻撃任務を有していたため、この二島を訓練に使用していた。

だが、F4が空対空専用のF15に機種更新されてからは使用されていない。現在、三沢基地には対地攻撃任務を有する米空軍F16飛行隊が駐留している。このF16と空自F2とで共同訓練をするのだ。日米合同委員会で「米軍専用」を「日米共同使用」に変えるだけ

尖閣諸島周辺地図

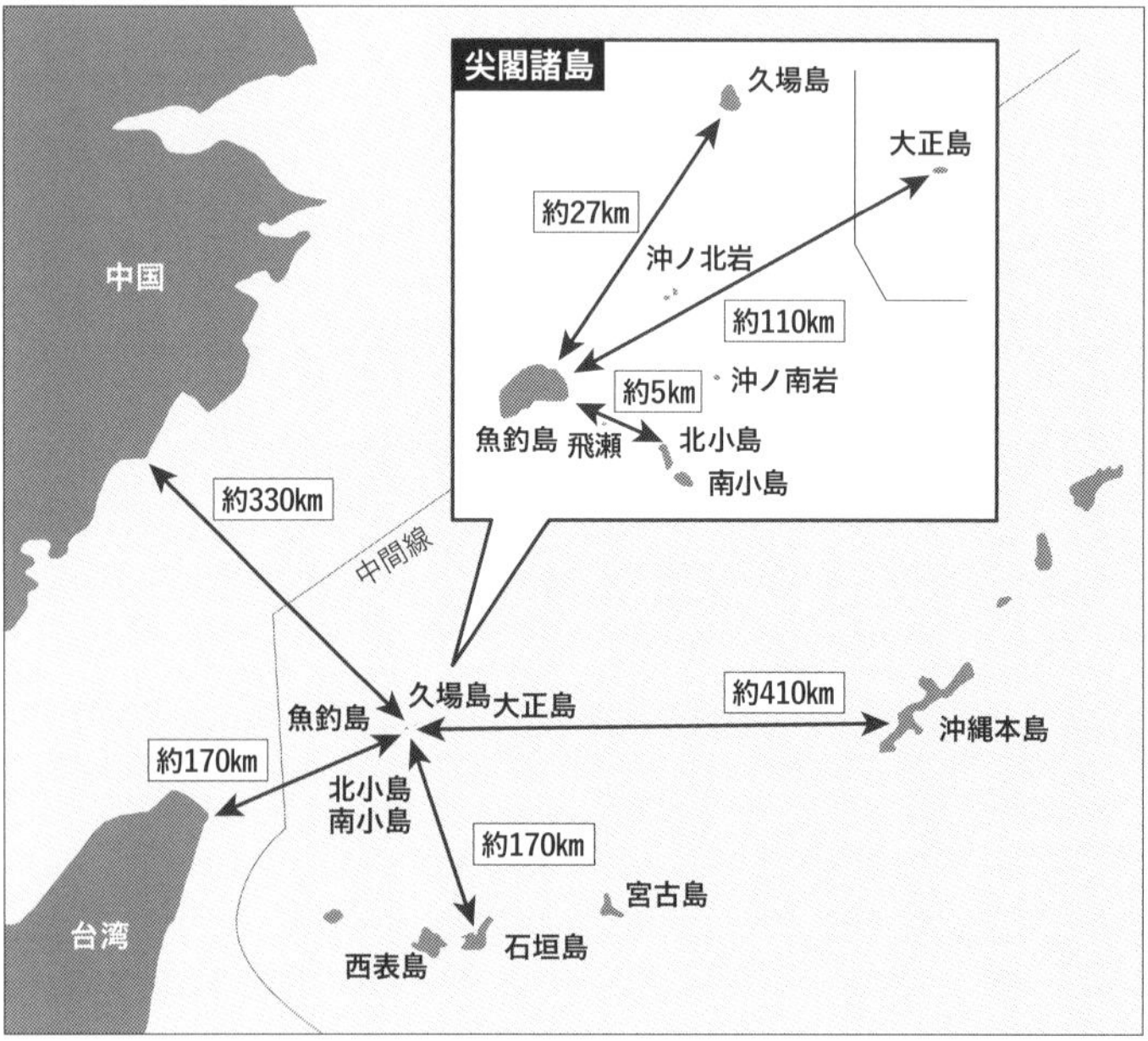

で、明日からでも実施できる。

空自は現在、実爆弾の投下訓練を実施するために、わざわざグアムまで赴き、米軍射場を使って訓練をしている。久場島、大正島で実施すれば、経費節減にもなるし、中国の実効支配の動きを無効化できる。近年、日米共同訓練が東シナ海で実施されるようになったが、中国はどこ吹く風。日米共同訓練は尖閣諸島でやらねば意味がない。

中国の大きな反発が予想されるが、日米共同訓練であれば、米軍と事を構えたくない中国は手を出しにくい。何より尖閣の位置づけを国際社会に発信できる。まさに一石二鳥以上の効果がある。もちろん米国にとっては、対中政策上の政治判断が必要であり、米国との綿密な調整が欠かせない。

日本の外交力が試される時でもある。尖閣をどうしても守るという日本政府の強い意思を示し、アメリカ政府を説得すべきだろう。「尖閣は安保条約5条の対象」のリップサービスだけで喜んでいる場合ではない。

戦争を繰り返してきた「力の信奉者・中国」

中国共産党は1921年、コミンテルン（国際共産主義組織）の主導により、党員57人でスタートした。

以降、1930年代から中華民国政府と内戦を繰り広げ、国民政府軍に勝利を収めた。1949年10月、毛沢東が中華人民共和国の建国を宣言するが、まだまだ貧しい国だった。にもかかわらず、毛沢東は「民が飢えても」力の源泉たる「核」は自力で保有するとの方針のもと、核開発に成功した。

毛沢東の後を継いだ鄧小平は、「力の信奉者」と同時に現実主義者でもあった。197

0年代、まだまだ力不足である中国の外交方針として「韜光養晦」を掲げた。軍事力も経済力も弱い中国の外交は、頭を低く下げて、手もみをしつつ、下手に出ながら実施するという方針である。別の高官は「屈辱に耐え、実力を隠し、時を待つ」とも言った。

1973年、米国はベトナム戦争に負け、撤退した。この地域に残ったのは戦争で疲弊したベトナムであり、そこに「力の空白」が生まれた。その「力の空白」を突いて、中国は西沙諸島に侵出した。

1974年、中国は「西沙諸島の戦い」で西沙諸島（ウッディー島）をベトナムから奪取した。戦争で疲弊していたベトナムは、為す術もなく、西沙諸島を盗られてしまう。その後、中国はウッディー島を軍事基地に整備し、現在は戦闘機が配備されている。

1985年、冷戦で疲弊したソ連は、ベトナムのカムラン湾から撤退を決めた。ベトナム戦争終了後の1979年、ソ連はベトナムとの間で、25年間のカムラン湾租借契約を結び、南シナ海への出城のように使っており、週に1回、Tu‐95がウラジオストックから対馬海峡を通ってカムラン湾に飛来していた。余談だが、筆者は現役時代、このTu‐95に対し、何度もスクランブルに上がった。

ソ連が撤退を決めた途端、「力の空白」ができ、中国はこれを見逃さなかった。3年後の1988年、中国はベトナム海兵隊が守備しているチントン島を攻撃し、この島を奪い盗った。ベトナム海兵隊はこの時64名の戦死者を出している。

1992年、米海軍はフィリピンのスービック湾から、米空軍はクラーク基地から撤退することを決めた。1989年に冷戦が終わり、1991年にソ連が崩壊したが、これに呼応するように、フィリピンではナショナリズムが澎湃《ほうはい》として起こり、「米国は出ていけ。さもなければ金よこせ」といった反米運動が起きた。

時あたかもピナツボ火山が噴火して、クラーク基地は火山灰で多大な被害を被り、米国はフィリピンから撤退を決めた。米軍撤退が決まった途端、ここぞとばかりに中国は領海法を設定し、南沙、西沙諸島、そして尖閣諸島を自国領と明記した。為す術のない米国の対応を見た中国は、1995年にはミスチーフ環礁を軍事占領した。「力の空白」ができると、直ちにこれに乗ずるという「力の信奉者」の本質を露わにしてきた。

にもかかわらず、オバマ政権では同じ失態を繰り返す。2013年9月、オバマ大統領は「もはや米国は世界の警察官ではない」と述べた。中国は、これを南シナ海での米国の不作為と判断した。半年後、中国はここぞとばかりに南沙諸島の7つの岩礁埋め立てを始めた。18カ月間で埋め立てを完了し、これを軍事基地化した。

3つの岩礁には3000m級滑走路を造り、今では爆撃機の展開訓練まで実施している。因みに、もう1つの「力の信奉者」国家ロシアも、オバマ発言の半年後、クリミア半島を武力併合している。さらにトランプ政権を挟んで2020年、オバマ政権の副大統領だったバイデンが大統領に就任すると、2022年にはウクライナに侵攻している。

我々がこれらの歴史から得なければならない教訓は、「力の信奉者」の中国やロシアに対しては、決して「力の空白」を作ってはならないということである。

冊封体制の復活を阻止せよ

約30年前のことである。筆者は現役時代、防衛交流で中国を訪れた。その際、歓迎パーティーで中国人民解放軍の幹部が、「なぜ日本は中国に逆らうのか。もう中国の影響下にあるだろう」と真顔で言うのに驚いた。歴史に根差す彼らの独特の発想を学べば、なるほどと合点がいく。

中国共産党は「我に従うものは栄え、我に逆らうものは滅びる」とも言う。中国が南シナ海、東シナ海で傍若無人に振る舞うやり方は戦略的国境論に基づいているのだ。

2018年6月、ジェームズ・マティス米国防長官（当時）は米海軍大学で「中国は他国に属国になるように求め、自らの権威主義体制を国際舞台に広げようとしている」「他国を借金漬けにして侵略的経済活動を続けつつ、南シナ海を軍事化している」と述べた。

マティス長官が「中国は明朝以来の冊封体制を復活させようとしている。だから我々は国際社会のルールを教えてやらなければいけない」と言うように、中国の考え方や発想が現代社会には通用しないことを理解させねばならない。

だが国力をつけた中国は、自分より弱い国の言うことに聞く耳を持たない。米国であっても一国では、話を聞こうとはしなくなった。従って、我々は米国を中心として、自由、民主主義、人権、法の支配といった価値観を共有する国々がスクラムを組んで一致団結し、戦略的国境論や失地回復主義などは現在の国際社会には通用しないことを教えていかねばならない。

2014年、習近平は外事工作会議で「国際社会の制度改革を進める」と述べた。それ以降、壊れたレコードのように「国際秩序を中国主導で書き換えていく」という方針を述べるようになった。

これまで中国は、米国が主導する国際秩序、「パックス・アメリカーナ」の中で、都合よく泳ぎながら発展、繁栄を遂げてきた。だが、2030年代にも米国の経済力を抜くといわれる段階に至って、中国は米国が本気になって中国潰しにかかってきたという危機感を抱くようになった。

中国潰しを跳ね返し、さらなる発展を続け、繁栄を継続するには、「パックス・アメリカーナ」に依存しない国際秩序を自ら作らねばならない。つまり、中国が主導する国際秩序に作り変える必要がある。簡単に言えば「パックス・アメリカーナ」を「パックス・シニカ」に上書きする必要があると考えている。

近年の国際情勢の動きを、中国の驚異的な台頭、それに相対する米国の衰退傾向を単純に「パワー・シフト」と解することが多い。だが、実はそうではなく「パックス・アメリカーナ」から「パックス・シニカ」への覇権交代、つまり「パラダイム・シフト」なのである。

歴史的に見て、覇権国が入れ替わる時、国際社会は不安定化する。ハーバード大学のグレアム・T・アリソン教授は、著書『米中戦争前夜』（ダイヤモンド社）の中で「現在の覇権国家と次なる覇権国家を目指す国家との間には戦争が起きやすい」と述べ、これを「トゥキディデスの罠」と名付けた。

トゥキディデスは古代ギリシアの歴史家で、ペロポネソス戦争を描いた『ペロポネソス戦争史』を著したことで有名である。覇権国家であったスパルタは、新興国アテネを「脅威」と捉えたことで、ペロポネソス戦争に踏み切った。

覇権を争う国家同士は戦争になりやすい。アリソン教授は歴史上、覇権国家が交代した16ケースを取り上げ、そのうち12のケースで戦争に至ったと述べる。米中の覇権争いも75％の確立で戦争が起きる可能性があり、戦争を起こさないためには米中の直接交渉と妥協が必要と説く。

この妥協策の一つとして中国が持ち出したのが「太平洋分割論」である。

２０１２年、中国は互いの「核心的利益を尊重」しようと米国に働きかける。２０１３年６月、習主席は「太平洋には米中両大国を受け入れる十分な空間がある」とオバマ大統領に述べた。また２０１４年７月には第６回米中戦略・経済対話で、「中米が対抗すれば両国と世界に災難をもたらす。太平洋には２つの大国を受け入れる十分な空間がある」と習氏は述べている。

これに対し、オバマ政権は当初、事の重大性を理解できなかったのか、スーザン・ライス大統領補佐官が“operationalize”（実行する）と曖昧な言質を与え、同盟国は疑心暗鬼

第1・第2列島線地図

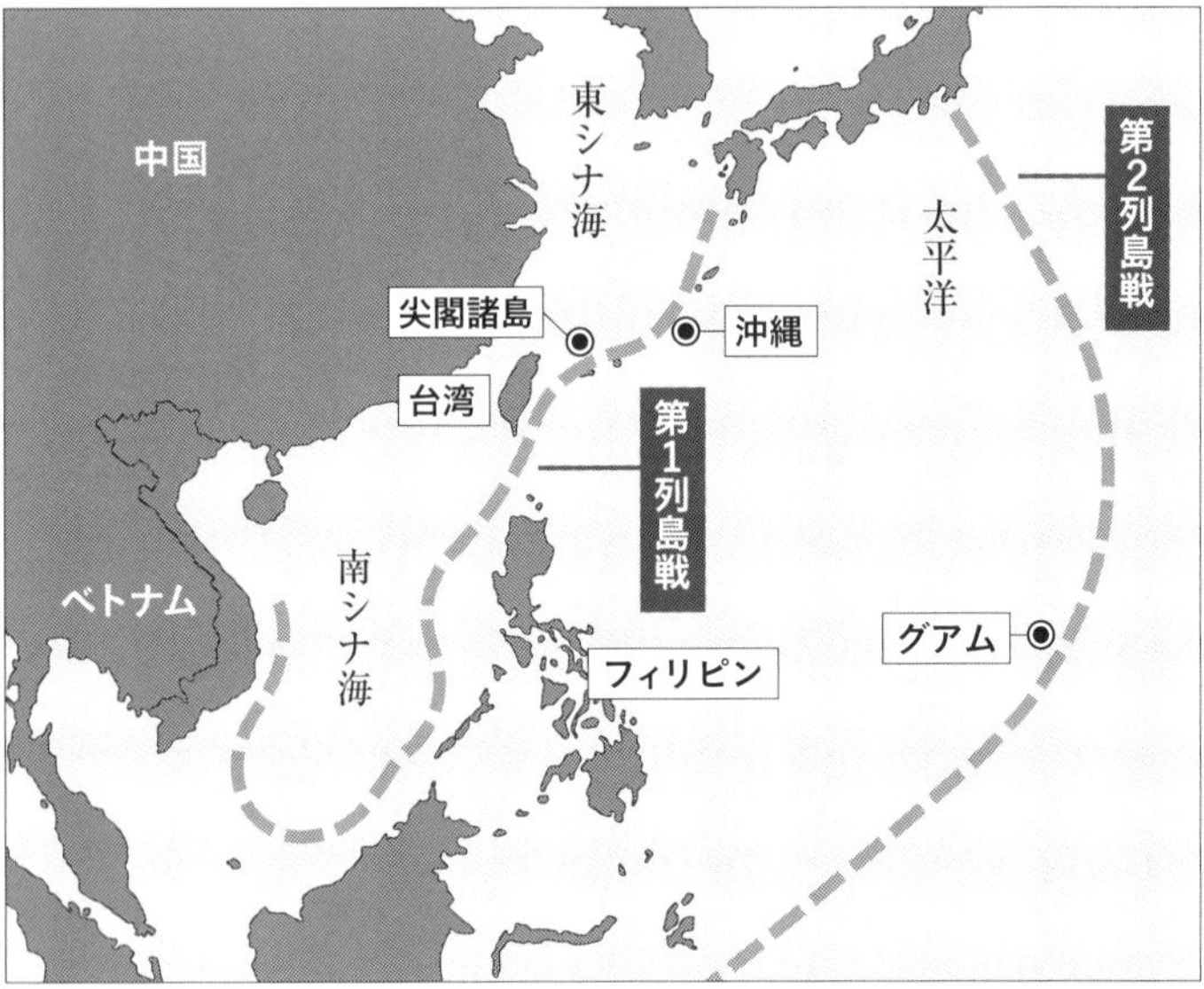

に陥った。

太平洋分割論は元々、鄧小平の懐《ふところ》刀《がたな》であった劉華清《りゅうかせい》の海軍戦略にある。彼は2010年までに第1列島線(九州・沖縄・台湾・フィリピンを結び南シナ海に至るライン)の内側を内海にするとした。

2020年までには第2列島線(東京・小笠原・グアムを経由しパプアニューギニアに至るライン)の西側を支配し、2050年までにはハワイを境に西太平洋を支配するという戦略を描いていた。この戦略は今も受け継がれている。

2007年5月、ティモシー・キ

ーティング米太平洋軍司令官（当時）が初めて訪中した際、中国海軍高官に太平洋分割を持ち掛けられたという。キーティング司令官は「最初は冗談かと思ったが、そのうち本気だと分かった」と議会で証言している。

西太平洋を中国が、そして東太平洋を米国が支配するという分割論であり、「パックス・シニカ」「パックス・アメリカーナ」で太平洋を分割統治しようという提案である。だが中国にとって、これは方便に過ぎない。中国には「一山不容二虎」（1つの山に2匹のトラは住めない。どちらかが生きると、どちらかが死ぬ）という言葉がある。一挙に「パックス・シニカ」の実現、つまり世界覇権の掌握は難しいため、とりあえずは西太平洋をと、段階的に実行するという便法なのである。

「力の空白」を作ってはならない

トランプ政権発足当初は、中国は様子見で、新型大国関係に言及するのは避けていた。2017年3月、習主席はレックス・ティラーソン米国務長官（当時）との会談で初めて言及した。ティラーソン長官は「国際社会が直面する挑戦に共同で対応したい」と述べ、直接の返答は避けた。にもかかわらず「新京報《しんけいほう》」はこれを「米中の新型大国関係を再確認した」と報道した。中国がトランプ政権にも新型大国関係を求めていた証左である。

２０１７年10月、党大会で習近平国家主席は「２０３５年までに社会主義現代化の実現、人民解放軍の近代化」を図り、２０４９年までに「総合国力と国際的影響力において、世界の先頭に立つ『社会主義現代化強国』を実現」する。そのために「今世紀半ばまでに世界一流の軍隊を作り上げる」「海洋強国の建設を加速させる」と述べた。２０１７年11月、米中首脳会談で、習主席は初めて「太平洋には中国と米国を受け入れる十分な空間がある」と公式に述べたが、トランプ大統領はそれに応じなかった。それ以降、新型大国関係は封印されたまま現在に至るが、中国が諦めたわけではない。

トランプ政権、バイデン政権と米中の確執が深まる中でも、中国の方針は一貫している。あくまで中国の最終目標は、「パックス・アメリカーナ」を「パックス・シニカ」で上書きすることである。そのための当面の目標として、西太平洋から「一帯一路」のアジア、アフリカに至る地域的な覇権を確立することを目指している。

ソ連共産党はロシア革命以降70年余りで滅んだ。中国共産党は１００年経った今でも、崩壊する予兆は見られない。崩壊どころか、中国は近い将来、経済力も軍事力も米国を抜いて世界一の座に躍り出るとも言われる。厄介なことは、国力の増大に伴ってますます威圧的、権威主義的傾向を強めていることだ。誰の言うことも聞かず、自国の論理で力を振り回す「異形の大国」が隣国に出現した。

この「異形の大国」にどう立ち向かうのか。日本のみならず、21世紀の国際社会全体の最大課題となっている。

戦争をするわけにはいかない。さりとて唯我独尊、傍若無人の振る舞いに手を拱《こまね》いて見過ごすわけにもいかない。中国が邪な考えを起こさぬよう抑止力を維持しつつ、何とか真っ当な国に誘導していくしかない。

繰り返すが、中国は「力の信奉者」である。力でもって関与するしか手はない。しかしながら、関与する側が力で圧倒されては、中国は聞く耳を持たない。けっして台湾の武力併合などが簡単にできると誤算、誤解させてはならない。

力で関与するためには、未だ世界最強である米国の力は欠かせない。だが、もはや米国一国では手に余るのも現実である。やはり米国を中心として価値観を同じくする国々がスクラムを組んで中国に対峙するしかない。

米国、日本、インド、豪州によるＱＵＡＤ（日米豪印戦略対話）クアッドの枠組みができた。今後、この枠組みをさらに充実させ、広げていかねばならない。中国を真っ当な国に誘導していくには、20年、30年はかかるだろう。いや、もっとかかるかもしれない。その間に、国際情勢がどう転んでも中国が易々と軍事力を行使することがないよう抑止力を維持、整備しておく必要がある。

最も重要なことは「力の空白」を作らないことである。

もう一つ大切なポイントがある。中国は相手の徹底した抵抗と国際社会の非難には意外に敏感なところがある。スクラムを組んだ我々の陣営は、個々の事象に対し毅然として対応するとともに、間髪を入れず「世論戦」に訴えていくことだ。「中国vs国際社会」の構図を作っていくことが何より重要となる。

冷戦時の最前線はベルリンにあった。今や安全保障の最前線はベルリンの壁から第1列島線に移った。日本はその第1列島線上にある。まさに冷戦時の西ドイツは現在の日本である。冷戦時、NATOが世界平和の鍵であったように、対中戦略の最重要パラメーターは日米同盟である。

我々には尻込みしようとする米国を引きずり出し、巻き込む知恵が必要である。前述の通り、2013年9月、オバマ大統領は「米国はもはや世界の警察官ではない」と述べた。その半年後、クリミア半島が併合され、南シナ海の大規模埋め立てが始まった。中国もロシアも米国が動かないと判断したからだ。トランプ大統領もバイデン大統領もこの「オバマ発言」を否定していない。最近、事あるごとに米国は、モンロー主義という先祖返りの気配を感じさせる。そうさせないためには、同盟国が応分の役割、任務、責任を果たさねばならない。

バイデン政権は2022年10月に公表した国家安全保障戦略で「統合抑止」という概念を打ち出した。これはもはや、米国一国で世界秩序の維持は難しいため、同盟国に助けてくれという米国の悲鳴なのである。

もはや「米国の戦争に巻き込まれる」「米国の手先になる」といった古めかしい言辞を撒き散らしている場合ではない。これからは「米国を巻き込む」知恵が必要なのだ。そのためには日米同盟を可能な限り対等な同盟にすることが必要であり、対等な同盟になるよう、あらゆる手立てを実行していかねばならない。

「オストリッチ・ファッション」からの脱却

日本人は得てして、見たくない現実は見ないふりをする習性がある。ダチョウは危機が来ると穴に首を突っ込み、危機を見ないことで心の平安を保つと言われる。危機から目を逸《そ》らす日本人の習性を欧米諸国は「オストリッチ・ファッション」と揶揄する。真実に向き合わず、無知ゆえの安心の上に成り立っている虚妄の平和では、もはや日本の平和と安全を守ることはできない。

連日のように尖閣の領有権を侵害し、台湾への武力行使を公言する中国に対して、令和4年度の『防衛白書』では「わが国を含む地域と国際社会の安全保障上の強い懸念」と表現した。また2022年12月に閣議決定した国家安全保障戦略では、中国を「最大の戦略的挑戦」と表現したことはすでに述べた。なぜ、北朝鮮を評したのと同様に、素直に「脅威」と表現しないのか。まさに「オストリッチ・ファッション」とはこのことである。

リアリティーの追求は安全保障の基本である。自らの弱さを自覚し、見たくない現実を見る。素直に脅威を直視し、自分で対応を考える。これが戦略的思考の前提である。

日本の平和と安全は一国では守れない。次章で詳しく述べるように、日本は現在、米国の5つの傘、つまり「核、攻撃力、情報、シーレーン、軍事技術」の傘で守られている。残念ではあるがこれが現実である。この現実を直視し、戦略的に安全保障を考える。それが今、「異形の大国」と対峙する上で求められているのだ。

第三章

新たな抑止力としての日米同盟とNATO

２０２５年「在日米軍撤退」の現実味

冷戦が終焉した１９８９年、米国防省は「ペンタゴン・ペーパー２０２５」を公表した。この文書によると、２０１５年には在韓米軍は撤退し、２０２５年には在日米軍は撤退すると予測していた。その際、日本が生き延びる道は３つあると主張。①日米同盟をさらに強固なものにする、②日本が核武装する、③中国の属国になる――この３つである。当時、この文章を見たとき、荒唐無稽だと鼻で笑った記憶がある。

だが、２０１６年に登場したトランプが「米国第一主義」を唱え、在韓米軍撤退に言及し、日米同盟の不満を漏らすようになって、にわかに現実味を帯びてきた。

２０１９年6月24日、ブルームバーグ通信は、トランプ大統領が私的な会話ではあるが日米安全保障条約破棄について語ったと伝えた。5日後の29日、トランプ米大統領は記者会見で、日米安全保障条約について「不公平な合意だ。もし日本が攻撃されれば、私たちは日本のために戦う。米国が攻撃されても日本は戦う必要がない」と述べた。さらに「変えないといけないと伝えた」と日本に見直しを求めていることを明らかにした。ただ、条約破棄については「まったく考えていない」と否定したという。

また、このことは「この6カ月間、安倍晋三首相に言ってきた」と条約への不満を首相に伝えてきたと説明し「もし私たちが日本を助けるのなら、日本も私たちを助けないといけない。首相はそれを分かっているし、異論はないだろう」と語った。以来、日米同盟の破棄はないとしても、在日米軍撤退は必ずしも「荒唐無稽」と笑えるものではなくなった。

2023年に入り、嘉手納のF15部隊が撤収し、代わりにF22が巡回で配備されることになった。F22は世界最強の戦闘機であり、抑止力は強化されると訳知り顔で述べる政治家がいたが、いかにも表層的で部隊が撤収する重みを理解していない。

部隊が「常駐」するということは、家族の帯同を伴うということで、基地の安全確保への米国の力の入れようは、「巡回」とはまったく違う。それがひいては米国の強いプレゼンスとなる。申しわけ程度の「巡回」で喜んでいる場合ではない。今回のF15部隊撤収が在日米軍撤退の序章とならぬよう、日本は米国と緊密な調整を重ねていかねばならない。

2020年の1月19日、日米安保条約が改定されて60年を迎えた。日米同盟は歴史上最も成功した同盟といわれている。だがトランプというこれまでとは一風変わったポピュリズムの権化のような大統領が登場するに及んで、同条約の根本的な問題が、潜伏期を過ぎた病原菌が発症するように、炙《あぶ》り出されてきたともいえる。

ロシアのウクライナ侵攻や中国の台湾武力併合の動き、北朝鮮の核ミサイル開発など安全保障環境の不安定化が顕著になるにつけ、日米同盟の緊密化がこれまでにも増して重要になる。今後、トランプの問題提起が「日米安保条約の終わりの始まりだった」として振り返られることがないようにしなければならない。

その後、バイデン大統領になって同盟関係、国際協調を重視する傾向は増したが、オバマ政権が打ち出した「アメリカはもはや世界の警察官ではない」という路線を踏襲し続けていることも明白だ。

トランプ政権以降、バイデン政権になって、米中対立はますます激しくなった。表向きには半導体を巡る技術覇権の争いや貿易戦争として進行中だが、この本質は米中の覇権争いである。

新しく台頭した中国が、米国が主導する現在の国際秩序、つまり「パックス・アメリカーナ」に挑戦し、中国にとってより好都合な世界秩序、「パックス・シニカ」に上書きしようしていることはすでに述べた。この動きに対し、米国はそうはさせじとこれを叩き潰そうとしている。まさにハーバード大学のグレアム・アリソン教授が唱えた「トゥキディデスの罠」なのである。

我々日本にとって、「パックス・アメリカーナ」か「パックス・シニカ」か、という選択の余地はない。自由と民主主義、人道、人権、そして法の支配を重視するという価値観を同じくする「パックス・アメリカーナ」を選択するしか日本の生存と繁栄の道はない。そして「日米同盟」と「パックス・アメリカーナ」の維持が、日本にとっては国益に合致するだけでなく、国際社会の平和と安定に繋《つな》がる。

だとすれば「ペンタゴン・ペーパー２０２５」が言うように「①日米同盟をさらに強固なものにする」か「②核武装する」しか選択肢はない。「②核武装する」については、議論することは必要であるが、現実問題として核不拡散体制との関係や国民の核アレルギー等、クリアすべきハードルは高く、あまりに時間がかかり過ぎる。であれば現在のところ、「①日米同盟をさらに強固なものにする」しかとり得る道はない。

その際、キーワードとなるのは「双務性」と「自主防衛」である。

米国市民が抱く日米安保条約の「不公平感」の危険性

日米同盟の最大の問題は、条約の「片務性」である。日本が米軍に「基地の提供」をする代わりに、米国が日本の「安全を保障する」という役割分担は、「非対称」ではあるが、実は「片務的」ではない。

米軍にとって日本の基地は欠かせない。日米両国の国益にとってウイン・ウインであり、両国にとってなくてはならない条約である限り、論理的には「双務的」である。米国が主導する世界秩序、つまり「パックス・アメリカーナ」を維持することは、米国にとって繁栄を維持するだけでなく、安全保障上も欠かせない。「パックス・アメリカーナ」の維持は米国の国益そのものである。

その「パックス・アメリカーナ」を維持するためには、米本土から遠く離れた日本が提供する「基地」は必要不可欠である。もし日本の基地がなければ、米軍の艦艇や戦闘機等はハワイやグアムから出撃しなければならず、また米空母はサンディエゴからの出撃を余儀なくされる。これではインド太平洋地域での軍事作戦は困難である。この地域の平和と安定に必要な軍事プレゼンスを維持するにも、今よりはるかに膨大な経費がかかる。つまり日本の提供する基地がなければ、「パックス・アメリカーナ」を維持する経費は莫大なものに膨れ上がるのだ。

米海軍は11個ある空母打撃群部隊の内、1個群部隊の母港を、横須賀に置いている。米海軍にとって虎の子である空母の母港を海外に置くのは日本だけである。また米海兵隊は、

3つ保有する海兵遠征軍の内、1つの司令部と海兵隊部隊を沖縄に置いている。海兵遠征軍を外国に置くのも日本だけである。

日本の米軍基地は大規模な燃料、弾薬の貯蔵庫を備え、艦艇、航空機の修理能力も高い。また基地を維持するためのほとんどの経費は日本が負担しており、極めて安価に米軍戦力の維持・整備ができる。まさに米国にとって願ったり叶《かな》ったりである。

これが空母打撃群部隊の母港を日本に置き、海兵遠征軍を日本に駐留させる大きな理由の一つでもある。

日本に駐留する海兵隊を含む米海空軍部隊は、即応部隊として中国、北朝鮮に睨《にら》みを効かせ、南シナ海からホルムズ海峡、そしてインド・太平洋にわたる海上交通の安全を担っている。

インド太平洋地域での平和と安定を支える米軍のプレゼンスは「日本が提供する基地」によって支えられていると言っても過言ではない。「パックス・アメリカーナ」の維持は米国の国益そのものであるが故に、「日本が提供する基地」と「日本に提供する安全保障」は同等の重みがあり、日米安保条約は「非対称」ではあるがすでに「双務的」なのである。

このことは米国の国家戦略策定に係わるベスト・アンド・ブライテスト（有識者）の間

ではおおむね理解されている。だが、一般の米国民にまで、十分に理解が及んでいるとは言い難い。米兵の「命」は何事にも代えがたいものであり、とても基地という「物」と等価に扱われるべきではないと一般市民が表層的に捉えるのはやむを得ないところもある。感情的にはやはり、トランプ大統領と同様、「片務的」に映るのが現実であろう。

在日米軍基地が米国の国益に如何に直結しているかを、もっと米国の一般市民に訴える努力は必要である。だが厄介なのは、米国の一般市民に対し、日米安保が「非対称」であるが「双務的」あることを日本人が道理を尽くして説明しても説得力を持たないことだ。日本人が声高に主張すればするほど、米国の一般市民にとっては「不公平さ」を言いわけしているように聞こえ、逆効果の面があるのも否めない。

これまでは、政権中枢のキーパーソンが折にふれ、日米安保の重要性を主張して政権を牽引してきた。トランプ政権で国防長官を務めた元軍人のジェームズ・マティス氏はコストや負担の分担という面では「日本は模範的」と発言した。だが、彼も日米同盟の「双務性」を国民に説得できたわけではない。政権からマティス長官が去った後、政権の主張が一変したことでも分かる。大統領自らが「片務性」「不公平性」について再び声高に述べるようになったのだ。

トランプ大統領の支持層は、白人の低所得者層、低学歴層が多いと言われる。トランプ大統領が本心では日米安保条約をどう評価していたかは知らない。だが彼が声高に「不公平、不平等」と叫べば、安全保障に通じていない彼の支持層が、日米同盟は不公平と信じたとしても不思議ではない。

これは日米同盟にとって、極めて危険なことである。トランプの支持率は当時50％前後あった。米国人のほぼ半分の人たちが、日米安保条約が不公平と信じれば、今後の日米同盟は危うい。日米同盟は北大西洋条約機構（ＮＡＴＯ）とは違って「自動参戦」ではない。

仮に日本に対する武力攻撃があったとしても、米国は「自国の憲法上の規定及び手続に従って共通の危険に対処するように行動する」（日米安保条約第５条）のであり、米国の日本への軍事コミットメントは議会、つまり米国民の影響力を受ける。米国民の大多数が反対すれば、日本が侵略されても米軍は助けに来ない可能性があるということだ。

米国における「不公平」論の台頭は、今後の日米同盟存続上も問題であり、我々はもっと危機感を持たねばならない。

中国の台頭で米国の力が相対的に低下してきた昨今、感情的な「片務性」の認識が「不公平」感を増大させ、日本の努力不足が「片務性」「不公平性」を拡大再生産する可能性がある。

いかなる政権が誕生しようと、脅威認識のずれや不公平感のある同盟は長続きしない。この危険性を日本国民は共有しておかねばならない。

アメリカが日本に提供する「5つの傘」

日本は事実上、米国の「5つの傘」の下にある。核、情報、攻撃力、軍事技術、エネルギーである。いずれが欠けても国家の安全保障にとっては致命的なものばかりである。

しかし、残念ではあるがこれが現実であり、我々はこの現実から目を背けてはならない。日本の安全保障は残念ながら日米同盟なくして成り立たないのだ。

第一章で「核は使用されない限り有効である」というルトワックのパラドクスを紹介した。核は破壊力が大き過ぎて現実的には、極めて使用しにくい兵器である。事実、広島、長崎以降、使用されていない。だからと言って核は役に立たない無用の長物かというと、そうではないことがウクライナで証明された。

ウクライナ戦争の開戦早々、プーチン大統領は核をチラつかせることにより、早々に米国の軍事力行使を抑止してしまった。核は、威嚇や恫喝には現在もなお極めて有効な兵器だったのだ。

核による威嚇、恫喝を無効化させるには、ミサイル防衛やシェルター整備といった拒否的抑止能力を持つと同時に、核による報復という懲罰的抑止能力の保有は欠かせない。

拒否的抑止能力は自主的に整備するとしても、日本が非核三原則を基本とする政策を続ける限り、懲罰的抑止能力については米国の拡大抑止、つまり「核の傘」に依存せざるを得ない。

「情報」については、日本は情報収集衛星の8基体制（2023年1月9日に1基打ち上げ、現在は7基）を目指すものの、北朝鮮のミサイル発射を探知する早期警戒衛星さえ保有せず、米国に依存するところ大である。その他、ロシアや中国の情報、あるいは中東の情勢など、機微にわたる情報の大部分は米国に全面的に依存しているのが現実である。

「攻撃能力」もしかりである。日本は憲法上、保有が許されている敵基地反撃能力さえ保有せず、「矛と盾」という「御題目」に逃げ込んできた。岸田政権でようやく「反撃能力」の保有が閣議決定されたが、この実戦化にはまだまだ時間がかかる。

「軍事技術」についても、最新の軍事技術は米国に負うところが大きい。近年、最新兵器の導入に当たっては、対外有償軍事援助（ＦＭＳ）による調達が大幅に増加傾向にあるのが何よりの証左である。

「エネルギー」についても、日本は原油の約9割を中東地域に依存している。日本から中東までの6000マイルのシーレーンは事実上、米海軍第7艦隊によって守られているのは紛れもない事実である。

このように日本の安全保障は、米国による「5つの傘」によって守られている。米国の力の裏付けなしに世界の秩序が維持でき、日本の安全保障が成り立つと考えるならばそれは空論である。我々は先ずこの現実を受け入れた上で日本の国家戦略を組み立てなければならない。

アメリカを「パックス・アメリカーナ」維持に専念させよ

では、今後日本はどうすればいいのか。

簡単に言えば、日本は核を除き、「自らは自らで守る」という自主防衛が可能な防衛力を構築し、米国に対して日本防衛の役割、負担を軽減させる。米軍にはよりグローバルな役割、つまり米国の主導する国際秩序、「パックス・アメリカーナ」の維持に専念できるよう、日本が全面協力することだ。

バイデン政権は、2022年に国家安全保障戦略、国家防衛戦略を策定した。その中で中国、ロシアを現状変更勢力として位置付け、これに対抗する戦略、つまり「パックス・アメリカーナ」維持を強調した。これまでのテロ対処から中国、ロシアへの対応へと明確に舵を切った。

これに協力することは日本の国益に合致する。冷戦終了後の1996年、日米両国は日米同盟を再定義し、国際社会の公共財として位置付けた。今後はまさに日米同盟が公共財として、インド太平洋地域、ひいては世界の平和と安定の基盤としての役割を日米が共同して果たさねばならない。

その際、米軍の負担を軽減し、自衛隊も自ら公共財として汗をかき、誰が見ても日米同盟が「双務的」と映るよう、役割分担を適切にすることが重要である。冷戦が終了し安全保障のルールは「団体戦」から、国益追求の「個人戦」に移行したと言われる。

本来、同盟は「血の契り」である。

自らの国益のために、対等な国家同士が互いの将兵の生命と国運をかけて、結ぶ約束である。日米同盟も「死活的」「運命共同体」という同盟本来の姿を追求していかない限り、同盟の空洞化が始まることを予期しておかねばならない。

基地の「経費負担増」よりも大切なのは自主防衛努力

トランプ大統領の誕生により、米国では「米国第一主義」の風が吹き荒れるようになった。ペイリオコン（Paleo-conservatism）といわれる伝統的保守主義が台頭した。オバマ前大統領が「世界の警察官」を辞める発言をしたが、トランプ大統領もバイデン大統領も、これを否定していないことはすでに述べた通りである。

トランプが「米兵士を国内に戻す」と語ったように、世界各地に駐留する米軍は撤退傾向にある。２０２１年にはバイデン政権がアフガニスタンからの米軍撤退を実行した。

米国世論調査でも「米国は自国のことに専念し、他国のことは他国に任せるべき」と主張する国民が６割を超えるようになってきた。現在、同盟は明らかに「利益共同体化」、「同盟の市場化」現象が進んでいる。

ウクライナ戦争で期せずしてＮＡＴＯは団結したが、米国とＮＡＴＯなど同盟国との関係は危うかった。トランプ大統領はＮＡＴＯの防衛努力不足をなじり、韓国には法外な米軍駐留経費負担増を要求した。「コスト」を重視するトランプ大統領の姿勢は相手国の思わぬ反応を招いた。２０２０年、フィリピンは米軍に関する地位協定を破棄する旨、米側に通知した。これに対し、トランプ大統領は「気にしない。多額の金が浮いてありがたい」と言い放った。

トランプ、ドゥテルテ両大統領には南シナ海に侵出する中国という共通の脅威認識など、微塵《みじん》も感じられなかった。結果的にはトランプ退陣・バイデン政権樹立後の2021年、フィリピンが「破棄を撤回」して事なきを得たが、いつまた「トランプ流」大統領が誕生しないとも限らない。

バイデン大統領は対中姿勢、あるいは対露姿勢を鮮明に打ち出してはいるが、アメリカ自身が「警察官」として出張るのではなく、各国と連携して、ともに国際社会の課題に向き合おうという方針を取っている。つまり、価値を同じくする有志国に、応分の「貢献」を求めるという姿勢だ。バイデン政権が打ち出した「統合抑止戦略」がそれである。

こういう趨勢《すうせい》にあって日米同盟なくして日本の安全保障が成り立たないならば、我が国が米国の同盟国としての「市場価値」を高めていく他ない。「同盟は紙にあらず、連帯感だ」とキッシンジャーが言ったように、米国との連帯感を高める施策を、あらゆる分野、あらゆるレベルで実施し、同盟を「血の契り」に近付けていく不断の努力が求められる。

かつて米国防省高官が「日本は自衛隊に対する投資が過小で、米国との同盟に対する依存が過大だ」と不快感を示したことがある。ここに日米関係強化のためのポイントがある。日本政府はアメリカ政府による駐留経費負担増要求に戦々恐々としているが、これに対する対応は、経費増を受け入れることではなく、日本の任務、役割分担を増やし、同盟の「公共財」化に貢献することである。

先ずは、日本の国土及びその周辺の安全については、日本独力で確保できるよう自主防衛体制を整備し、在日米軍の役割を軽減する。と同時に、インド太平洋地域における軍事作戦においては、日米が共同で、あるいは自衛隊が米軍作戦の支援をすることで応じるべきである。

岸田政権は2022年の安全保障関連3文書で「防衛力の抜本的強化」を打ち出した。2023年の日米首脳会談では、こういった日本の努力が高く評価された。米国との連帯感強化には、「金」ではなく「血」と「汗」と「涙」を提供する覚悟が必要なのである。

かつて「瓶のフタ」論（在日米軍は日本の再軍備を防ぐためのフタだという説）があったように、日本の自主防衛努力は、必ずしも米国の「ウイーク・ジャパン派」（日本が強くなることを望まないグループ）の賛同は得られなかった。だが、国際情勢は大きく変わり、今や日本の防衛努力に反対する米国人はほとんどいない。

中国の急激な軍備増強により、米国は米軍の相対的能力低下を懸念しており、むしろ日本の防衛力強化は日米同盟を緊密化するのに必須である。自主防衛努力は、もはやかつてのように日米同盟と二律背反ではないのだ。

F15撤退によるプレゼンス低下と絆の弱体化

日本は米国の「5つの傘」に負い目があるせいか、日本の立場を遠慮して主張しないことが多い。先に述べた米空軍F15の撤退に対する対応が典型である。

2022年12月1日、嘉手納基地から米空軍F15戦闘機がオレゴン州に向かって飛び立った。2024年末までに沖縄から撤退する約50機のF‐15C／D型戦闘機の第一陣である。機体の老朽化に伴い、約2年かけて退役させ、装備の近代化を図るという。

嘉手納基地はインド太平洋地域における戦略的要衝であり、中国に睨みをきかせている。習近平中国国家主席は2022年10月の党大会で、台湾統一を「歴史的任務」とし、「武力行使の放棄を約束しない」と明言した。台湾情勢が切迫するこの時期に、中国への誤ったメッセージとなる可能性がある。

米軍発表では、F15の代わりに「高性能戦闘機の巡回配備に移行する」とし、アラスカ州エルメンドルフ空軍基地のF－22A戦闘機がローテーション方式で巡回派遣されている。F22は米空軍のみが保有する世界最強の戦闘機である。このためか、あるいは米国に遠慮してか、F15撤退に対する岸田政権の反応は驚くほど低調だった。

浜田靖一防衛大臣は「一層厳しさを増す安全保障環境に対応し、日米同盟の抑止力、対処力を維持・強化する一環として行うもので、日米同盟にとって重要な取り組みだ」と述べた。政府関係者も「F22戦闘機の巡回配備で、米軍の抑止力はむしろ高まることになる」と述べている。ある軍事専門家は「強力なF22戦闘機を前面に押し出すことで、日本の抑止力は高まる」と述べる。

まさか本音ではないと思うが、もし本音であれば、相当の素人であり、表層的かつ楽観的過ぎる。F22戦闘機が巡回配備されるから、抑止力は高まると判断したとしたら、あまりにも短絡的である。戦闘機を常駐させるか、巡回配備かでは米軍プレゼンスは雲泥の差があり、台湾有事への抑止力は明らかに低下する。

異を唱えたのは、日本政府ではなく、米国の有力議員だった。ビル・ハガティ、マルコ・ルビオ両上院議員が連名で、ロイド・オースティン国防長官あてに公開書簡を出した。「戦闘機部隊を常駐から巡回配備に切り替える計画は、インド太平洋における米国のプレ

米空軍のF22戦闘機

巡回配備となるF22。兵器としての性能だけでその意義は計れない　写真／米空軍

ゼンス低下につながる。それは侵略のハードルを下げ、バイデン政権の台湾防衛姿勢と行動とのギャップを生むことになる」

米空軍退役中将であるデビッド・デピュテューラ氏（米空軍協会ミッチェル研究所長）も述べる。「これは米空軍が予算不足で国家安全保障戦略や国家防衛戦略を適切に遂行できない状態にあることを示す兆候だ。前方展開戦力は両戦略の基礎だが、戦力がなければ実行できない」。いずれも当事者である日本政府がなぜ異を唱えないのかと言わんばかりである。

巡回配備では、約10機が6カ月交代で派遣される程度であり、前方展開戦力とはなりえない。しかも交代時は、「力の空白」

が生じる。何より常駐と巡回配備の大きな違いは、家族を日本に帯同するかどうかである。米国は米国人家族を守るためには、あらゆる手立てを尽くす。腰の入れ方がまったく違い、それが抑止力強化につながる。

空自と米空軍との絆の弱体化も懸念される。各種調整や意見交換なども、「初めまして」から始まるのと、「やあ、久しぶり」から始まるのとでは全く違う。

飛行隊長時の筆者

1990年から第301飛行隊長を務めた

筆者が現役の頃、嘉手納の12飛行隊（今は廃止）と空自303飛行隊で「姉妹飛行隊」の関係を結んだことがある。共同訓練はもちろん、家族を含め公私にわたる交流は部隊レベルの絆をこれ以上ない強いものにした。

当時、筆者は日本側担当者であったが、米側担当者はその後、空軍参謀長にまで上り詰めた。彼は退役後の今でも親日家である。「姉妹飛行隊」という関係が、日本と米国の関係にまで昇華され、日米同盟緊密化の一助になった。巡回配備ではありえない。

「主張すること」が同盟を緊密にする

さらに深刻な懸念材料がある。将来、米空軍中将が日本にいなくなることだ。現在、5空軍司令官は、4個の戦闘飛行隊を隷下にもつ「中将」職である。これが2個飛行隊になるので、5空軍は削減されるだろう。指揮官は中将から少将へ格下げされるはずだ。

過去、同様なことがあった。クリントン政権下で軍縮が実施された時、第5空軍が削減の対象となった。空自は強い懸念を国防省に伝え、厳しいやり取りを実施した。結果的には司令部要員は3分の1以下に削減されたが、5空軍は存続し、中将職も維持された。

2003年のイラク派遣の際、情報収集の面でどれだけ中将の力が役に立ったか。細部を述べる紙幅はないが、5空軍司令官の力なしに空自イラク派遣はあれほど円滑かつ安全には実施できなかっただろう。

今回のF15撤退に関する日米交渉の細部を筆者は知らない。だが、「中国の台湾侵攻が切迫している時」(米高官)、抑止の要である戦闘機を嘉手納から引きはがす必要があったのか。日本は防衛力の抜本的強化を急がねばならない。他方、米軍のプレゼンスが大きな抑止力を占めている。

嘉手納基地での戦闘機部隊の長期的計画については未だ何も決定されていない。F22飛行隊をエルメンドルフから嘉手納に移駐させる。新型F－15EXを常駐させる。案はいろいろある。今からでも遅くはない。とにかく日本の立場を主張し続けることだ。

米軍の方針に反対する、あるいは日本の要望を主張すると日米同盟が傷つくといった遠慮があったとしたら大きな誤りである。

同盟と言えど、調整事項は国益のぶつかり合いである。米国は米国の立場から高い球を投げてくる。日本は日本の国益の観点から「Ｎｏ」と言うべきは「Ｎｏ」と言わねばならぬ。もし同盟に遠慮してこちらの立場を主張しなければ、米国は日本を甘く見るだろうし、ひいては信頼に足るパートナーとは見なくなるだろう。主張すべきことを主張せず、遠慮や妥協一辺倒の態度は、結果的に「同盟の緊密化」を阻害することを認識する必要がある。

同盟は「連帯感」だと言われるように、誰が見ても「双務的」と思われるように法律や体制、施策等を変えていかねばならない。安倍政権時の２０１５年、安全保障関連法案が改正され、極めて限定的ではあるが集団的自衛権行使が可能になった。

２０２３年３月、防衛省は安全保障関連法に基づき、自衛隊による他国軍艦艇・航空機への「武器等防護」を2022年は計31回行ったと発表した。米軍とオーストラリア軍が対象で、武器等防護が可能となった17年以降で過去最多となったという。防護の内訳は、弾道ミサイルを含む情報収集・警戒監視の米軍艦艇が4回、自衛隊と共同訓練中の米軍艦艇・航空機が23回、豪州軍が4回だという。

これはこれで一歩前進ではあるが、ある意味「双務性」演出のための「まやかし」であることは否めない。実際に事が起き、任務遂行が必要になった場合、この法律には致命的な欠陥がある。

現状では「武器等防護」事態が現実に生じた場合、武器使用の権限規定は、警察官職務執行法（警職法）を準用することとなっており、軍事行動としての武力行使はできない。「武器等防護」に関する自衛隊法の権限規定には、当該武器使用について「自衛官は……ができる」と規定され、「自衛隊の部隊は……ができる」でないことがその証左である。軍事行動において警職法の準用では、任務の遂行は実際上、難しい。重要なことは、改訂された安保法制が決して日米同盟の最終的な姿ではないことを認識し、「羊頭を掲げて狗肉を売る」状態については、今後とも地道に改善していくことだ。

究極の同盟の姿、つまり完全な「双務性」を確保するには、憲法改正が必要となるだろう。将来にわたって日米同盟を存続させるには、この方向性の追求は欠かせない。ルクセンブルクは、人口が50万に満たず、軍隊も約1000名弱の小国であるが、NATOに加盟する31カ国のうちの一つである。こんな小国であっても、NATO加盟国として完全な「双務性」を保持している。加盟国が一国でも攻撃された場合、自国が攻撃されたとみなし、ルクセンブルクも自動的に集団的自衛権を行使するのだ。我々はルクセンブルクの気概を見習うべきだろう。

「矛と盾」のお題目に逃げ込むな

憲法改正については次章でも述べるが、改憲以前にやらねばならぬことは多くある。これまでの日米同盟の役割分担は「矛と盾」という概念で表現されてきた。攻撃力は米国に期待し、日本は守りに専念するという考えである。

だが、軍事技術は長足の進歩を果たし、戦い方も任務も変わってきた。日本は、そういう情勢の変化から目を背け、自分勝手に従来の「矛と盾」に逃げ込んで思考停止に陥っているところが見受けられる。

米国とすり合わせもせず、唯我独尊の解釈を振りかざしていては日米同盟の将来は危うい。例えば弾道ミサイル防衛がそうである。

日本は専守防衛の下、日本に飛来するミサイルは日本が弾道ミサイル防衛で対応し、第二撃以降のミサイル攻撃に対しては、弾道ミサイル防衛とともに米軍の打撃力によって対処するのが日本の防衛構想だった。

２０２２年暮れ、岸田政権は「反撃能力」の保有を閣議決定した。これまで米軍に全面的に依存していた「打撃力」について、一部を自国で担うことになった。とはいえ、目標設定（ターゲティング）など、日本単独で実施する能力はなく、米軍と早急なすり合わせが必要である。

あわせて長年、「矛と盾」に胡坐《あぐら》をかいて思考停止に陥った結果生まれた日米間の認識の相違を埋める必要がある。

２０１５年４月に定められた「日米ガイドライン」では、「自衛隊及び米軍は、日本に対する弾道ミサイル攻撃に対処するため、共同作戦を実施する」とあり、「自衛隊は、日本を防衛するため、弾道ミサイル防衛作戦を主体的に実施する。米軍は、自衛隊の作戦を支援し及び補完するための作戦を実施する」と役割分担が定められている。

つまり、日本の「弾道ミサイル防衛」は自衛隊が主体的に実施しなければならず、米軍は自衛隊の作戦を支援し、補完するだけである。

では、この「弾道ミサイル防衛」とはどこまでの軍事行動を含むのか。米国は２０１７年12月に公表された米国国家安全保障戦略で「弾道ミサイル防衛システム」を定義している。これによると「弾道ミサイル防衛システム」とは、飛来する弾道ミサイルを迎撃する能力は勿論のこと「発射前のミサイル脅威を破壊する能力を含む」とある（This system will include the ability to defeat missile threats prior to launch.）。

この定義にはＩＣＢＭ（大陸間弾道弾）だけでなく、もちろん、日本に対する弾道ミサイル攻撃に対する防衛システムも対象となる。

「敵基地への反撃」も自衛隊が主体的に行うべき任務

２０１８年5月頃から、自民党の安全保障調査会で「敵基地反撃能力」の議論が行われ、ようやく「反撃能力」の保有ということで実った。

２０１８年当時は、「敵基地反撃能力」は、米国の定義では「弾道ミサイル防衛システム」に含まれる事実に向き合おうとはしなかった。繰り返すが、日米ガイドラインで決められた役割分担では、「敵基地反撃能力」、つまり「発射前にミサイル脅威を破壊する能力」も含め自衛隊が主体的に実施し、米軍がこれを支援、補完することになっている。

本来ならこのガイドラインを策定した2015年以降、日本は速やかに「敵基地反撃能力」を含め、弾道ミサイル防衛システムを整備し、いざ有事の際には主体的に実施できる能力を保有しておかねばならなかった。

「反撃能力」の保有が決まった現在、遅きに失した感はあるが、米軍と早急に認識を擦り合わせ、具体的役割分担を再調整しなければならない。

これまで日米同盟と言えば「矛と盾」と、深く考えもせずパブロフの犬のように条件反射的に反応し、国内での徹底した議論を避け、対米協議でも深く踏み込まず、従来の「矛と盾」に逃げ込んで思考停止してきた。その結果、日米で認識のずれが生じてきている。代表例として弾道ミサイル防衛を挙げたが、その他、「サイバー、宇宙、電磁波」といった新たな領域についてもしかりである。

同盟にとって、こういった認識の違いは「終わりの始まり」になりかねない。

平時には、認識の食い違いは顕在化しないかもしれない。だが、有事の際には、作戦調整の段階で直ちに問題は顕在化するに違いない。

現在、弾道ミサイル技術の進展により、変則軌道の新型ミサイルが登場しつつある。これに対しては、現状の弾道ミサイル防衛システムでは迎撃が困難と言われている。この場合、発射準備の段階か、ブースターが燃焼しているブースト・フェーズしか対応できない。ブースト・フェーズで弾道サイルを撃破する能力は、現在米国でも試験段階であり、実用化には至っていない。

逆に発射前のミサイルを撃破する長射程ミサイル等はすでに実用化されている。自衛隊は暫定的手段として米国製巡航ミサイル（トマホーク）の導入が決まった。もはや「矛と盾」と条件反射的に思考停止に陥っている時代ではない。米軍と緊密な連携をとりながら、自らできること、やるべきことは日本が主体的に実施しなければならない。

現行憲法下でもやらねばならぬことはまだまだある。今後日本の進むべき道は日米同盟のさらなる強化と、自衛隊の国際標準化である。

重要な成果だった邦人救出の「スーダン・ミッション」

「他国の軍隊には何ら問題なくできることが、自衛隊にできない」という事例は枚挙にいとまがない。邦人輸送もその一つだったが、２０２３年、スーダン・ミッションでは、成功裏に任務が達成できた。ようやく「普通の国並み」の対応ができたということになるが、政府の決心が早ければ、自衛隊も諸外国並みに任務が達成できるということを示した点で非常に重要な事例であった。

ではなぜ、政府は自衛隊派遣の決心が迅速にできたのか。これには次に示す2021年のアフガンでの邦人輸送の苦い経験がある。

これまで、現地の安全が確保されなければ自衛隊を派遣することができなかった。アフガンの教訓を入れ、2022年4月、自衛隊法が改正され、輸送にあたっての「安全」にかかる規定が改訂された。

従来の「安全確保」が前提だったのを「予想される危険を回避するための方策を講ずることができると認められるとき」に改められた。これがスーダン・ミッション成功の一因である。

一歩前進だが、重要なのはスーダン・ミッションを「レアな成功例」で終わらせないことだ。ほんの少し前までは、「邦人輸送」一つ実施するにも驚くようなゴタゴタを展開していたことを忘れてはならない。

世界的に大恥をかいたアフガンからの邦人輸送

２０２１年8月15日、米軍が撤退し、アフガニスタンの首都・カブールが陥落。各国が自国民の救出に奔走したことは記憶に新しい。各国の輸送機による救出が相次いで報じられる中、日本が自衛隊の輸送機を派遣したのは、首都陥落から実に１週間後の8月22日となった。

なぜこんなに出遅れたのか。

当時、現地の日本大使館も陥落を見越してチャーター便を予約しており、日本人と協力者の計約５００人を乗せる予定だったという。だが、8月15日の陥落を受けて航空会社がチャーター便をキャンセルしてしまった。

慌てたのは日本大使館と日本政府だ。当然、航空自衛隊は命令さえあればすぐ飛べるよう、政府専用機の準備をしていたし、政府の中でも、政府専用機と輸送機の派遣が検討されていたという。ところが派遣を断念。その理由は「現地への根回しに時間がかかる」「安全に疑義がある」といったことだったという。

おそらく政府関係者は、救出の可能性や考慮すべきリスクについて、外務省や現地大使館の情報は得ても、自衛隊の制服組には聞かなかっただろう。

筆者は現役時代、邦人輸送の責任者である航空支援集団司令官を務めていた。仮に筆者が司令官として政府高官から「大丈夫ですか、飛べますか」と聞かれた場合、おそらくこう聞いただろう。

「一つ質問をします。G7（先進7カ国）の輸送機は飛んでいますか」と。

G7の輸送機が飛んでいるのであれば、自衛隊機も行ける。判断基準はつまるところ、それだけだと言ってもいい。

アフガニスタンで、日本以外のG7各国ともに自国民の保護や自国への退避活動を行っていた。パイロットをはじめとする隊員の能力で言えば、G7各国よりも自衛隊のパイロットのほうが間違いなく能力が高い。それ故に「G7の飛行機が飛んでいるのなら、自衛隊機も問題なく飛べる」のだ。

だが、安全性を判断するのは自衛隊ではない。「安全でない」と外務省が判断し、現地の外交官も国外へ退避させている。その上で「500人の現地協力者も運んでください」と外国軍に頼んだところ拒否され、8月18日になって外交官だけ英国軍機に乗せてもらって脱出したというのがアフガニスタンでの顛末《てんまつ》だったのだ。

現地協力者の救出について、英国側からは「あなたの国は輸送機を持っているでしょ」と言われたとも聞く。恥ずかしい話である。

しかも話はここで終わらない。8月19日にG7外相会議、24日にG7首脳会議を控えた外務省は、その席で「なぜ日本だけ輸送機を出さないのか」と問われる可能性について議論になったという。8月20日には、米国から「8月31日までに5万人以上を退避させなければならない。自衛隊も協力してくれ」と言われたというのだ。

そこで政府は23日に自衛隊派遣を決定したという。これも自衛隊OBとしては怒り心頭と言わざるを得ない。当初「安全ではない」という理由で派遣を断念したにもかかわらず、「安全性を確認できた」という理由ではなく、体面上の問題で、今度は一転して派遣を命じたからだ。その動機は極めて不純である。面子で自衛官の命を危険に晒すのかと言わざるを得ない。

邦人輸送は自衛隊法では、「防衛大臣は外務大臣から輸送の依頼があった場合、外務大臣と協議をして、安全が確保されていると認められる場合には邦人等の輸送を行うことができる」と規定されていた。これが現実的な表現に改正されたことは、すでに述べた。

だが、これまで矛盾に満ちたこの規定がまかり通っていたのだ。安全ではないからこそ自衛隊機の出番であって、安全が確保されているのであれば民間機を派遣すれば済む話だ。自衛隊法には、こういう矛盾に満ちた規定が山ほどある。そして国民にはほとんど知られていない。

テレビのワイドショーなどでは、コメンテーターらが「当該国の許可が得られていないのは問題だ」「現地は混乱している」などと「自衛隊機を派遣できない理由」を訳知り顔で解説していたが、これは在外邦人の「保護」と「輸送」を混同した議論である。有識者と言ってもこの程度なのである。ちなみに、邦人の「輸送」については相手国の政府が崩壊していたとしても、飛行場が安全であれば自衛隊は任務を遂行できる。

朝鮮・台湾有事時に日本は自国民を救出できるのか

ここで過去の外国の自国民救出の例を紹介しておきたい。かなり前の話になるが、1976年7月、ウガンダのエンテベ空港で乗客105人が拘束されたハイジャック事件が発生した。するとイスラエルは輸送機で空港に奇襲をかけ、人質を救出。このときの飛行隊長に後日、話を聞いたことがある。救出した人質を全員乗せれば規定の重量をオーバーする。規則違反は分かっていたが、「何とかなるさ（ケセラセラ）」の精神で離陸したという。

１９７９年にはイランで発生した米大使館員人質事件が起きた。大使館員らが一年以上拘束され、当時のカーター米大統領は軍による救出活動を実行。「イーグルクロー作戦」と名付けられたこの作戦は失敗し、８名もの犠牲者を出した。結果的にはカーター退陣後、人質は解放されることになったが、「なんとしても米国人を救う」という意志と、危険はあっても作戦を実行するという姿勢は学ぶべきものがある。

１９８５年のイラン・イラク戦争の際には、イランの首都テヘランに残った２１６人の日本人を救出すべく、政府は日本航空と全日空に救援機を飛ばすよう要請。しかし、労働組合の反対もあって拒否されてしまう。

そこで邦人の救出に向かってくれたのは、なんとトルコの航空機だった。この顛末は作家の門田隆将さんが『日本、遥かなり』（角川文庫）で書いているが、トルコは約１００年前のエルトゥールル号遭難事故で日本がトルコを助けたという事例をもって、「その恩返し」と日本人の救出に一肌脱いでくれたという。日本には当時は政府専用機もなく、自衛隊も海外に出たことがない時代だった。この一件があってようやく、政府専用機が必要だということになり、航空自衛隊による運用も決まった。しかしその後も、日本人が外国によって救出される事例が相次いだ。恥ずべきことだ。

1997年にアルバニアで治安が悪化した際には、ドイツが軍隊を投入し、自国民の救出を行っている。日本と同じ敗戦国であるドイツであっても、自国民の救出・退避の支援はもちろん、この時は治安回復のための軍事オペレーションにも参加している。

ところが日本は、自国民の救出でさえ、「危険なところで戦闘行為でも起こったら、自衛隊が海外で武力を行使することになってしまう」などと考えて断念してしまう。ようやくスーダン・ミッションでこうした「普通の国並み」の行動がとれない日本の弱点は解消されてはきたが、まだまだ「序の口」に過ぎない。

こうした中で仮に近い将来「台湾有事」となった場合、日本人も含め台湾にいる外国人は一番近い先進国日本が救出に向かわねばならない。朝鮮半島有事の場合も同様で、北朝鮮が南侵して事が起きたならば、朝鮮半島にいる外国人は米国と日本が救出しなければならない。在台・在韓日本人の数だけを見ても、実に万単位に上るだろう。

台湾の邦人救出に向けた検討は、防衛省では行われているだろう。だが、仮に台湾有事となれば、先島諸島も戦場となることは間違いない。台湾には約2万5000人の邦人が滞在し、観光客も含めれば5万人の邦人がいる。火の粉を浴びかねない先島諸島には約10万人もの住民がいる。状況によっては沖縄本島の住民も避難が必要な事態になりかねない。

2023年3月、沖縄県庁で初の邦人退避図上演習が行われた。こうした事態に至る危険性や可能性は、日本国内で広く共有されなければならない。現実を直視することを避け、「退避の検討なんて怖いことになる前に、外交でどうにかすべきだ」といった逃げの姿勢は、もはや通じないのである。

自衛官は捕虜の待遇さえ受けられない

世界の常識が日本では通用しない例はこれにとどまらない。さらに解決すべき課題は「捕虜」の問題だ。国際協力活動に派遣された自衛官が、現地の武装勢力に拘束されても「捕虜」の待遇を受けられないことを知る人は少ない。

「後方支援といわれる支援活動それ自体は武力行使に当たらない範囲で行われるものであります。（中略）わが国が紛争当事国となることはなく、そのような場合に自衛隊員がジュネーブ諸条約上の捕虜となることは想定されない」

2015年7月、岸田文雄外相（当時）の答弁である。日本特有の事情であり、同じ後方支援でもドイツや韓国のように紛争当事国となることを排除していない国は、当然「捕虜」の待遇を受ける。

関連して中谷元防衛相（当時）がこう述べている。

「（だから）後方支援の実施は安全な場所であることが大前提であり（中略）防衛大臣が安全な地域を指定するが、状況に照らして戦闘行為が行われるに至った場合には、活動を休止して危険を回避する」

邦人輸送と同じ病根がここにも表れている。「危険を回避する方策がとれなければ自衛隊は活動させない」。だから、危険地域からの邦人輸送はできないし、捕虜になる可能性が高まる危険地域で自衛隊は活動させない、というわけだ。これまた、台湾有事でも、その他の海外派遣活動でも同じだ。危険だからこそ、各国とも軍が派遣されるにもかかわらず、日本はそうした世界の常識とはまったく逆のことを言っている。

日本は1992年のカンボジアPKOを皮切りに国連PKO活動に従事してきた。だが2017年5月、スーダンPKOから撤退し、以後、PKOに自衛隊の部隊派遣を実施していない。ODAも1997年をピークに半減した。

2022年末の「戦略三文書」の見直しで、「国家安全保障戦略」の中にこれまでは非軍事援助のみとしてきた海外への協力において、「同志国」に対しては防衛装備品の提供など軍事分野での協力も行っていくとする一文が入った。さらに2023年4月には、この一文を受けての新たな支援枠組み「政府安全保障能力強化支援（ＯＳＡ）」を設けた。

これが急速に低下している国際社会での日本の存在感をどこまで高められるかは未知数だが、ＰＫＯへの部隊派遣を補ってあまりあるものとは言いがたい。

そもそも自衛隊の部隊派遣ができないのは、国連ＰＫＯの動向に追随できないためだ。国連は１９９４年、ルワンダＰＫＯの派遣中、約90万人の虐殺を止めることができなかった。強制力なき平和活動の限界を自覚した国連は、軍事手段なしには活動は不可能という現実に向き合わざるを得なくなった。安価な高性能銃器の拡散もあって内戦は苛烈になり、自衛隊が派遣される「安全地域」はなくなった。

こうした環境の変化にもかかわらず、日本は、次の「ＰＫＯ参加５原則」を変更してこなかった。

①当事者間の停戦合意
②当事者がＰＫＯ及び日本の参加に合意
③中立的立場の遵守
④条件が満たされない場合の撤収
⑤武器の使用は自己保存に限定

こうした原則は、進化した国連ＰＫＯには、もはや現実的なものではなくなっている。この原則を維持する限り、国連ＰＫＯに自衛隊の派遣はできない。日本は今後、国連ＰＫＯに部隊派遣をしないのか。司令部への要員派遣でお茶を濁すのか。それとも紛争に巻き込まれる可能性も排除せず、国連ＰＫＯに参加するのか。「国際協調主義に基づく積極的平和主義」という看板のあり様が問われている。

筆者はイラク派遣航空部隊指揮官を2年8カ月務めた。危険な事態もあったが、諸外国とともに汗を流し任務を完遂できた。湾岸戦争における「小切手外交」の汚名は払拭できたと思う。看板を引き続き掲げ、国際協力活動に積極的に貢献するのが国益に資すると確信している。

このため国連ＰＫＯ下での武器使用は、憲法の禁じる「海外での武力行使」とは異なると解釈変更すべきだろう。環境の変化に応じ、自らを適応させねば日本は生きていけない。国内法が障害ならば改正する。憲法が壁となれば改正すればいい。「捕虜」の問題は自衛官の名誉にかかわると同時に、国家戦略の問題である。

NATOと歩む「NAIPTO」設立の提案

台湾有事は「いつ起こるか」「どのような形で起こるか」という段階にきている。在台邦人や沖縄県民、特に離島の人々の退避をどう支援するかも重要だが、台湾有事は即、日本に多大な影響がある。

第二章でも述べた通り、もし台湾が中国に屈し、中国海軍が台湾に侵出すれば、日本のシーレーンは容易に中国に抑えられる。貿易立国の日本、資源の大半を海外に依存する日本にとって、シーレーンは生命線である。このシーレーンが抑えられれば、日本も「中国の属国化」を免れない。何より、台湾への本格的武力侵攻が始まるとすれば、それは中国による制空権の奪取から始まる。台湾と、自衛隊が基地を置く与那国島はたった110㎞しか離れていない。戦闘機でわずか5分程度の距離だ。台湾への武力侵攻が始まれば、先島諸島、尖閣諸島は間違いなく戦場になる。そのリアリティが、日本国民に共有されているだろうか。

戦争を煽《あお》っているのではない。「台湾有事は日本有事」だからこそ、そうした事態を「未然」に防ぐために日米を始め、各国は方策を重ねている。その一つが、日米豪印の安全保障の枠組みであるQUADであり、英米豪の軍事的結束であるAUKUSなのだ。

ウクライナ戦争で国連がまったく無力であることが、改めて認識させられた今、筆者はさらにもう一つ、日本が参加する安全保障の枠組みを提案したい。それが日米同盟をNATO（北大西洋条約機構）に合体させる「NAIPTO（北大西洋・インド太平洋条約機構）」（仮称）だ。これは日米同盟を解消するものではない。日米同盟を基軸としつつ、重層的な安全保障の枠組みを新たに創ろうとするものである。

重要なのは、自由と民主主義、人権、法の支配といった価値観を同じくする民主主義国家群が断固として台湾を守り、地域の安定を守る意思を明示することだ。当面の危機は台湾有事だから、台湾軍や台湾市民に敗北主義や「見捨てられ論」が蔓延しないよう、心理的支援を強化することも重要になる。

すでに東・南シナ海で行われている各国の動きを見れば、NAIPTOの提言も夢物語ではないことが分かるはずだ。

2021年9月、イギリスは空母クイーンエリザベスを派遣。これに合わせオランダ軍、ニュージーランド軍、カナダ軍も海軍艦艇を派遣し、東シナ海、南シナ海で日米を加えた6カ国による共同訓練が実施された。

日本とオランダを除く4カ国は、インテリジェンスを共有する「ファイブアイズ」のメンバーでもある（残り1カ国はオーストラリア）。この訓練にはそれまで「親中派」と目されてきたドイツも海軍艦艇を派遣した。

5月にはフランスが海軍艦艇ジャンヌ・ダルクを日本に派遣して共同訓練を実施。この際には国内で仏陸軍と陸自の共同訓練も行われた。

2023年にフランスのマクロン大統領が「欧州はアメリカの下僕ではない」とあたかも中国寄りの発言をしたことで話題になったが、一方で日仏の連携が深まる土台があったことも知られてしかるべきだろう。

2023年5月には、日仏の外務・防衛閣僚会合（2プラス2）で「自由で開かれたインド太平洋」の実現に向けた協力強化で一致している。中国が強引な海洋進出を続ける東・南シナ海の情勢について「重大な懸念」を共有し、力や威圧による一方的な現状変更の試みに反対することを再確認した。

同月、ストックホルムで開かれたEUとスウェーデン共催の「インド太平洋閣僚会議」で、林外相は、中国やロシアの一方的な現状変更の試みを踏まえ「欧州とインド太平洋の安全保障を分けて論じることはできない」と述べた。ちなみにEUは2021年、インド太平洋戦略」を発表している。

また、2024年には「NATO東京連絡事務所」の開設が検討されている。報道によればインド・太平洋地域の安定を図るためであり、NATO報道官は「進行中の協議」として詳細は明らかにしなかったが、「我々は同じ価値観、関心、懸念を共有しており、協力関係は一層強まっている」との認識を示した。

後日、日本の駐米大使もワシントンで会見を開き、「最終的に確認されたとは聞いていないが、その方向で進んでいる」とNATO事務所開設が検討されていることを裏付ける発言をしている。

他方、フランスのマクロン大統領は中国との関係悪化を懸念し、東京事務所開設に反対の意向を示したとの報道もあり、今後の推移が注目される。

NAIPTOで抑止できる台湾侵攻

さらに2023年5月のG7サミットの首脳声明では、「我々（G7）は、共通の懸念を中国に伝え、率直に関与しながら、中国と建設的かつ安定的な関係を構築する用意がある」と述べ、台頭する中国への脅威認識を共有しつつ、「抑止と対話」を両立する姿勢を明確にした。中国の強引な海洋進出を念頭に、「一方的な現状変更の試みに反対する」と強調し、台湾海峡の平和と安定の重要性を確認している。

これらは中国への牽制でもあるが、何より中国が台湾市民に孤立感、敗北主義を植え付ける「認知戦」を跳ね返す原動力となる。今後も、充実・発展・継続させるべきだろう。

幸いにも地位協定のあるアメリカは別格として、日本とオーストラリア、イギリスとの間では円滑化協定が締結されており、フランスも議論が加速されている。円滑化協定とは、刑事裁判権の明確化や装備品の持ち込み時の関税免除などに関する規定で、自衛隊と他国軍との共同訓練や共同運用のため、法的・行政的な手続きを改善する法的枠組みである。

この協定以外にも物品薬務相互提供協定（ＡＣＳＡ）、情報保護協定、防衛装備品・技術移転協定などがアメリカ、インド、イギリス、オーストラリア、フランスとの間ですでに締結されている。

２０２２年２月のロシアによるウクライナ侵攻で欧州は当面、アジア太平洋地域よりもロシアに備えなければならない事態になったが、だからと言って台湾有事の可能性が減じたわけではまったくない。欧州諸国の軍の関与は今後とも続けられることが望まれる。

国連の常任理事国であるロシア自身が侵略戦争に身を投じている以上、国連の機能不全は続く。これは侵略の当事国が中国になった場合も全く同様だ。国連の機能不全を補う形で、NATOが何とか加盟国ではないウクライナを支えている。中国の台湾侵攻を抑止する上でも、また武力侵攻が始まった場合に、台湾を支援する上でも、国連に代わる重層的な安全保障の枠組みとしてNAIPTO創設を提言するわけである。

20世紀初頭、ユーラシア大陸を挟んだ島国の日本とイギリスが手を結び、ロシア帝国の南下、膨張を食い止めた。現代はユーラシア大陸を挟んだ2つの同盟が手を結び、中国の専制覇権主義、拡張主義を拒絶する必要がある。

1国ではもちろんのこと、日米2国間の同盟でも、もはや異形の大国を抑えきることは難しくなりつつある。国と国という「点と点」ではなく、日米同盟とNATOといった「面と面」でユーラシア大陸を挟み、対処するよりほかに、中華帝国の横暴を抑えられない状況になっている。

すでに軍事大国・ロシアは隣国ウクライナに侵攻している。近年、中露の合同艦隊がこれ見よがしに日本列島を周回する事例が続いている。中ロの爆撃機編隊が日本海、東シナ海を堂々と合同飛行するのが常態化しつつある。日米に対する威嚇意図は明らかだ。

世界は自由と民主主義諸国に対し、権威主義、専制独裁主義諸国との対立の構図が明らかになっている。この最前線にあるのが台湾であり、台湾を失うことは、自由と民主主義諸国の敗北を意味する。その意味からも、自由と民主主義国の代表的な同盟である日米同盟とＮＡＴＯが合体するのは時宜を得たものではないだろうか。

中ロに対する抑止効果は大いに向上するだろう。何より、台湾政府、台湾市民に対する心理的支えにもなる。サイバーや情報を駆使したハイブリッド戦争や「認知戦」の無効化にも資する。

日本の抑止力も大いに向上する。ＮＡＴＯは加盟国に対する攻撃を、全加盟国に対する攻撃と見做す。つまり自動参戦となる。だが日米同盟はそうではない。先述の通り、日本の施政下に武力攻撃があっても、アメリカは自動参戦ではなく「憲法上の規定及び手続に従って」参戦するかどうかを決めることになっている。台湾に対しても、台湾関係法はあっても米台同盟の関係にあるわけではない。

もし日米同盟を基軸にしつつＮＡＩＰＴＯが創設されれば、日本に対する攻撃はアメリカはもちろん、ＮＡＴＯ全加盟国が自動参戦する契機になる。

ＮＡＩＰＴＯが創立されても、ＮＡＴＯ諸国は地理的に離れているので日本防衛の役には立たないのではないかと思う人もいるかもしれない。だが、台湾武力侵攻が開始されて日本が戦場になった場合、中国は日本プラスＮＡＴＯ加盟国31カ国を敵に回すことになる。中国にとって、国際社会に絶大な影響力を持つ先進諸国を敵に回すことはどうしても避けたいはずだ。ＮＡＩＰＴＯは強力な抑止力になる。

冷戦時、西ドイツが最前線となり、ＮＡＴＯがソ連の攻撃を抑止した。東アジアでは今、「ベルリンの壁」は「台湾海峡」になり、最前線の西ドイツは日本に成り代わった。台湾有事を抑止するには、ＮＡＩＰＴＯ創設が最善策なのだ。

もちろんこれには集団的自衛権行使が大前提となる。日本は速やかに憲法を改正し、体制を整える必要がある。

「永遠の同盟も永遠の敵もない」

改めて言えば、日米同盟と自主防衛、あるいは日米にとどまらない多国間連携の進化は二律背反ではない。「アメリカと組んでいても中国には勝てない！」という話でも、もちろんない。

国連が機能不全を続ける中、中国という核大国で、独裁的覇権主義国家の行動を抑止するには、日米同盟、ＡＵＫＵＳ、ＱＵＡＤ、ファイブアイズ、ＮＡＴＯといった、あらゆる安全保障の枠組みを総動員し、重層化した枠組みを再構築してこれにあたる必要がある。その際、日米同盟は他の同盟と融合し、解消させるわけではなく、あくまで基軸として中心的役割を果たすことが重要である。

そもそも同盟は所与の条件でもなければ、相手が善意で救いの手を差し出すといったものでもない。「永遠の敵も永遠の味方も存在しない。永遠にあるのは国益でありこれを追求するのが我々の責務である」とパーマストン卿の箴言にあるように、2国間の国益に合致するかどうかである。

戦後、冷戦の勃発を受けて米国は対日方針を変えた。日本を自由陣営にとどめるため、言わば手厚い経済支援を実施し、安全保障も提供した。我が国は「吉田ドクトリン」の下、安全保障はワシントンに丸投げし、金儲けに専念し、一早く戦後復興を成し遂げた。「吉田ドクトリン」の成功が大きかった分、日本国民は未だに後遺症から抜け出せないでいる。つまり安全はタダであり、米国が与えてくれるものであり、自ら努力しなくても得られるという幻想、甘えから未だに抜け出せない。

2022年8月、米軍の撤退とほぼ時を同じくして、アフガニスタン全土がタリバンによって制圧された。米軍がアフガンから撤退の最中、アシュラフ・ガニー大統領は国外に逃亡し、アフガンは大混乱に陥った。空港は国外へ逃げ出そうとする国民で埋まり、米軍輸送機に取りすがった国民が振り落とされ、数人が死亡するという痛ましい出来事も起きた。

バイデン大統領はアフガン撤退を正当化した上で、次のように語っている。

「アフガン軍自身が戦う意思のない戦争で、米軍が戦うことはできない。アフガン軍が戦わないのに、あと何世代、何人の米国人の命が必要か。アーリントン墓地に墓石が何列並んでいるのか。過去の過ちは繰り返さない」

他人事ではない。「アフガン軍」を「日本人」に入れ替えれば、そのまま日本人への警鐘となる。米国大統領が「私の責任は米国の国益を守ることであり、軍事力を使って世界のあらゆる問題を解決するため米兵を危険に晒すことではない」と語った意味は大きい。日本人は対岸の火事ではなく、我が事としてアフガン情勢をとらえる必要があるだろう。

アングロサクソンには「勝てない相手とは手を結べ」という言葉がある。米国が将来、中国と手を結ぶことも考慮外であってはならない。考えたくない想定だが、安全保障に「想定外」があってはならない。そうならぬよう軍事、外交努力は欠かせない。考えたくない最悪のシナリオも考慮した上で対中戦略を構築していかねばならない。

同盟を考える上で、先に紹介したパーマストン卿の箴言が再び光を放つ。

「永遠の同盟も永遠の敵もない。あるのは国益であり、これを追求するのが我々の役目である」――こうした意識は、戦後日本からはすっかり失われているのではあるまいか。

庭も同盟も手入れをしなければ荒れ果てる

残念ながら日本の安全保障は日米同盟なくして成り立たない。現在、幸いにも日米同盟は歴史上最も成功した同盟と評価されている。だが、同盟関係は築き上げるのは難しいが壊れるのは早い。今後の国際環境の動向を洞察しながら、日米同盟の緊密化を図りつつ、同盟の「公共財」化に向け、あらゆる努力を傾注していかねばならない。

繰り返すが、そのキーワードは「双務性」確保、と「自主防衛」努力なのである。かつてアマコスト駐日大使は次のように言った。「同盟関係はガーデニングと同じである。常に手を入れてなければすぐに荒廃してしまう」と。けだし名言である。日本はキーワード実現に向け、地道な「手入れ」を怠りなく実施していかねばならない。そして何より、「自国は自国で守る」という意識は大前提となるのだ。

第四章

改憲で実現すべき「軍事力による安全」

防大進学時の教師たちの暴言

憲法を語るにあたり、筆者が高校生の時のことを話したい。１９７０年、兵庫県立明石高校の３年生だった筆者は、自衛隊の幹部を養成する防衛大学校を受験し、合格した。大阪大学にも合格したのだが、もとより志望していた防大に進むべく、教師にその旨を報告した。

すると日教組の教員たちから呼び出され、「お前はなぜ大阪大学に行かないんだ」「自衛隊は憲法違反で、人殺しの集団だぞ」「僕はお前をそのように育てた覚えはない」と、車座で〝言葉のリンチ〟を受けた。思い出したくもない出来事で、以来、母校・明石高校の敷地には一歩も足を踏み入れていない。

日教組の教員たちは筆者の内申書も書こうとしなかったが、ただ一人、予科練出身の教員だけが応じてくれ、「将来、新国軍の将たるにふさわしい人材である」という推薦状まで書いてくれた。つらい目に遭った中で筆者は感動し、「ああ、将来国軍になるのだな」と感慨を覚えた。だが、在任中40年間、ついにその時はやってこなかった。

防衛大学校在学中の１９７０年、三島由紀夫は市ヶ谷の防衛庁で自衛官に向かって「な

イラク派遣時の筆者

2006年から航空支援集団司令官としてイラク派遣部隊を指揮

ぜ、自らを否定する憲法を守るのか」と檄を飛ばした後、自裁した。防大生だった筆者も、制服で街を歩けば「税金泥棒」と罵られ、街で帽子を奪われたりしたこともあった。1958年に大江健三郎が毎日新聞に書いた「防衛大学生をぼくらの世代の若い日本人の弱み、ひとつの恥辱だと思っている」という一文の影響か、「世代の恥だ」と罵声を浴びせられることもあった。

結婚して子供を持ってからも「学校で自衛隊は違憲、だから自衛官は悪い人だと教えられ、悔しい思いをした」と子供が話すのを聞き、心を痛めたこともある。現役時代に講演に呼ばれても「制服ではなく、背広でお越しください」と何度言われたか分からない。

小松基地の基地司令を務めていたころ、防災訓練で炊き出しのカレーを配ったことがある。そんな時でも「自衛隊のカレーを食べるな」というプラカードを持って自衛隊批判し、防災訓練を邪魔する人たちが現れた。

2003年12月から行われたイラク派遣時、2年8カ月にわたって指揮官だった筆者は、最も治安が悪く銃撃事件も起きていた中、部下を現地へ派遣しなければならない立場にあった。あまり詳しく報道されなかったが、実際の現地の様子と言えば、オーストラリア空軍のC－130が地上から銃撃され、搭乗していた女性兵士が死亡したこともあった。また空自の飛行機が離陸許可を待っている間、飛行機の上空を4発のロケット弾が飛んで行ったという報告を受けたこともある。決して簡単な任務ではなかった。

そうした中、「日本は憲法9条があるから危険なところは飛べない」というわけにはいかなかった。3カ月ごと、派遣される部隊に「無事に帰ってこい、頼むぞ」と送り出す壮行会を実施するのだが、その最中にも営門の外からは「自衛隊は憲法違反！　イラク派遣反対！」とのシュプレヒコールが聞こえてきたものだ。隊員の家族や子供も心配を抱えながら見送っているというのに。指揮官として、いたたまれない思いをしたことを、忘れはしない。

自衛隊を退役したＯＢは多かれ少なかれ、こうした思いをしてきたと思う。国家に軍備は必要であり、自衛隊は国家にとっての「屋台骨」だ。本来は誇りある職業のはずである。ところが日本では「違憲の存在」と言われ、「日陰者」扱いされる。だが違憲と叫ばれようがなんと呼ばれようが、誰かがこの役を引き受けなければならない。筆者もこうした思いで歯を食いしばり、部隊配属から35年間、自衛隊に奉職してきた。

今なおはびこる自衛隊違憲論

なぜ、こうした自衛隊の存在を否定し、嫌悪する風潮が生まれるのか。それは言うまでもなく「自衛隊は憲法違反の存在である」とする違憲論から来ている。

「もういい加減にしてくれ」と感じるのは、現役隊員も一緒だろう。筆者は今も現役隊員から話を聞く機会を持っている。安全保障環境が激変しつつある沖縄の隊員たちを中心に、連日連夜の中国対応のスクランブルに追われている。１日に3回、４回と発進することさえあり、年間１０００回を超えた年もある。もとよりの人手不足で疲労困憊の状況下にあるが、それでも黙々と歯を食いしばって任務にあたっている。

現役隊員には発言の自由がない。筆者も現役時代はそうだった。

「いずれは憲法改正して、名実ともに誰からも文句を言われない軍にしてやるから」――政治家たちのこの言葉を信じて、戦闘機に搭乗して国防に邁進《まいしん》してきた。結局、退役するまで憲法は改正されず、未だにされていない。

今なお、憲法学者の約6割が「自衛隊は違憲の疑いあり」との見解だという。率直に言って、憲法9条を素直に読めば確かに自衛隊は違憲の存在と考えるしかないだろう。それをどうにかするのが政治家の仕事であり、「自衛隊は違憲か、合憲か」という不毛の神学論争をこれ以上、繰り返すことは許されない。何より、それが自衛官にとってはボディーブローのように効いてくるのである。「憲法で存在を否定されながら、我々が命懸けでやっていることは、一体何なんだ」と。

自衛官の立場で考えれば、憲法学者は自衛隊を違憲だと主張する以上、「だから解散すべし」と続けるか、「改憲せよ」と主張すべきである。違憲状態を解消するには、その二つのどちらかしかないはずだ。

当然、憲法学者も日本が厳しい安全保障環境に置かれていることは知っている。災害大国日本にあって、災害派遣に汗を流す自衛隊の必要性も承知の上だ。だから「解散すべき」という勇気はない。一方で、護憲というスタンスから「改憲すべき」とも言わない。「憲法違反」と言うだけで何もしないのは、無責任かつ不誠実であろう。

日本共産党はまだ正直だ。志位和夫委員長は「私たちは憲法上、自衛隊は違憲と判断する」と述べた。しかし「一定期間、存在することは避けられない」と言う。

さらに、「憲法9条の理想に合わせて自衛隊の現実を変える」ことを選ぶというが、自衛隊解散までの間に「日本に対する主権侵害があった場合には、自衛隊を活用する。大きな災害があった場合には、当然、自衛隊員の皆さんに頑張っていただく」とも主張している。正直なのは結構だが、こんな身勝手な論理がいつまで通用すると思っているのか。

自衛官の募集難は「違憲論」も要因

現在、世論調査では実に92％の国民が自衛隊を「支持する」と答える状況になった。特に2011年の東日本大震災以降、災害派遣に従事する隊員たちの姿が国民の目に触れるようになり、その働きが評価された故だろう。すると今度は「国民が支持しているのだから、憲法を変える必要も、9条に『自衛隊』と明記する必要もなくなったのではないか」という意見も登場する。

以前参加したシンポジウムでも、パネリストの一人から「憲法学者の言っていることなんて、気にすることはない。もう国民の理解は得られているのだから」と言われたことがある。自衛隊に理解のある人物であっても、自衛官の心まで理解できるとは限らないのだと悟った。

「自衛隊違憲論」の影響は未来にも及ぶ。毎年、自衛官の募集には苦労をしており、例年、募集定員を満たすのにさえ困難をきたしている。もちろん好景気や少子化の影響は大きい。だが根本に立ち返って考えれば、「自衛隊が宙ぶらりんの存在である」ことが大きく影響しているに違いない。そもそも1億2300万人の国民がいて、たかだか24万人の実力組織を支えられないなど、世界的常識からは考えられない。

なぜこうした常識外れの事態に至っているかと言えば、やはり自衛隊が憲法に規定されておらず、国防という任務が国民にリスペクトされていないからではないだろうか。

軍法が整備できない憲法上の実害

言うまでもなく、実害もある。例えば「軍法」の整備だ。

国家防衛のためであれ、国際平和協力活動であれ、軍が活動する場合、軍法は必要なものである。軍法会議は最悪、なくてもいい（もちろんあった方がいい）が、軍法は必要不可欠なものである。

軍法とは、軍隊や軍属などに対して適用される法律で、一般の刑法では裁くことができない有事の際や海外での戦闘行為などにおいての行為が正当なものなのかどうかを判断する基準になる。自衛隊を律する法律としては日本にも「自衛隊法」があるが、憲法第76条第2項によって特別裁判所の設置が禁じられているため、「軍法会議」を設置することはできない。そのため、裁判自体は一般の裁判所で行われることになる。

問題になるのは次のようなケースだ。国際平和協力活動などで海外に派遣されている自衛官がオフの日に誤って人を車ではねたとしよう。この際には、国連の地位協定では派遣国、つまり日本が裁くことになる。だが刑法第3条の「国外犯」の規定に「過失罪」はない。つまり誰もこの犯罪を裁けないことになるのだ。日本は法治国家であるにもかかわらず、法的空白を許したまま、隊員を海外に派遣していることになる。

ドイツ軍も軍法会議はないものの、域外派遣が決まった際、軍法を整備した。国際平和協力活動で軍隊をＮＡＴＯ域外に派遣する際、基本法の中に組み込んだものだ。実際、アフガニスタンのクンドゥズ州で誤爆を行った事案が発生し、多くの市民の犠牲者が出た。

この際、ドイツは軍法に従って厳正な裁きを行っている。

日本も今後の国連の平和協力活動への参加を考えれば、軍法は必須である。現在でもPKO部隊は、国連の地位協定によって隊員の地位が手厚く守られている。これは派遣各国に軍法があることが前提なのである。

だが、自衛隊は後方支援だからと言ってこれをごまかし続けてきた。幸い、隊員たちの心がけや運もあって、これまで何も問題が起きなかったが、これからも問題が起きないとは限らない。いつまでも僥倖《ぎょうこう》に恵まれることに期待するわけにはいかないのである。

国連の平和協力活動は「国の再建」「国造り支援」から「住民の保護」に比重が移りつつある。前章でも触れたように、1994年、ルワンダで約90万人の虐殺を止められなかったことは国連のトラウマとなっている。「住民の保護」のためには、国連PKO部隊は虐殺主体に立ち向かわねばならない。これには国際人道法を順守して「交戦権」を行使することが欠かせなくなるし、その前提となる「軍法」の整備は必須となる。

今後、もし日本が引き続き積極的平和主義のもと国際協調主義をもって世界に貢献しようとする道を選ぶなら、「軍法」は欠かせないのだ。

「反撃能力保有」に反対する左翼メディアの矛盾

最近の左翼はメディアも含め、見る影もない。空想的平和主義による空疎な感情論、情緒論が通用しなくなり、非論理性、視野狭窄《きょうさく》、自己矛盾が白日の下に晒され、以前のようにごまかしがきかなくなってきたからだ。

話題になった「反撃能力」への反対がその典型である。

「反撃能力」の保有については、日本の防衛政策の大転換であるとして、護憲的リベラル・メディアは予想通りの反対論を展開した。

例えば朝日新聞は、「(反撃能力の保有は)『抑止力』になる確かな保証はなく、軍事力による対抗措置を招いて、かえって地域の緊張を高めるリスクもある」とその必要性を否定している。

だが、この論法では日米同盟を否定することになることが、朝日新聞は分かっていない。朝日新聞は日米同盟を否定はしていないはずだ。ここに朝日の自家撞着《じかどうちゃく》が見られる。

そもそも日米同盟では、これまで米国は「矛」、日本は「盾」という日米役割分担をとってきた。「矛と盾」の日米役割分担を認めるということは、少なくとも「矛」の必要性、つまり「反撃能力」の軍事的意義は認めてきたということである。であれば、なぜ、日本が「反撃能力」を持った場合のみ「地域の緊張を高める」ことにつながるのか。米軍はすでに持っているのであり、米軍であれば、なぜそうではないのか。米軍の場合は「抑止力」になって、日本の場合は『抑止力』になる保証がない」のはなぜか。

日米同盟を否定するなら話は別だが、そうでないのであれば説明が必要だ。

毎日新聞は、「反撃能力」は過去から日本の防衛に必要だったものを、日米両国で保有するよう政策変更したもの。同盟の役割分担を微修正したに過ぎない。

「能力行使の判断を誤れば、国際法が禁じる先制攻撃と見做される恐れがある」と述べる。先制攻撃は米軍も許されない。自衛隊も当然許されない。米軍だったら「みなされない」が自衛隊なら「みなされる恐れがある」というのも非論理的である。少なくとも日本が反撃能力を保有するのはダメだという理屈にはなっていない。

また、従来の日米役割分担からの逸脱が悪いという論調がある。日米の役割分担を変えることがなぜ悪いのか。合理的な説明はない。そもそも「反撃能力」は国際法上はもちろん、憲法上も、保有を許されている能力なのである。

東京新聞も「専守防衛を形骸化させるばかりか、周辺国との軍拡競争を招く」と陳腐な情緒論を展開する。そもそも一方的に大軍拡してきたのは中国である。過去30年間で約40倍の軍拡をしてきた。他方、日本は約20年間、防衛費は微減と微増を繰り返し、ほとんど変わらなかった。

米国の軍事力も相対的に低下しており、東アジアの軍事バランスは今、崩壊しつつある。軍事バランスが崩れると戦争が起きやすいのは歴史が証明するところだ。遅きに失したかもしれないが、日米が協力して軍事バランスを取り戻し、抑止力向上に努めるのは当然の行為である。

何度か引いているように、2022年10月、ジョー・バイデン政権は国家安全保障戦略を策定し、「統合抑止力」という概念を示した。これは米国の軍事力だけでなく、同盟国の軍事力も含めた抑止力を構築しようとするものであり、次のように述べる。

「我々は軍事力近代化と国内の民主主義強化に取り組む。同盟国もその種の能力に投資することや、抑止力を高めるのに必要な計画の立案に着手することなどによって、同じく行動するよう求める」

これは、「米国に全面的に任せず、同盟国も手伝ってくれ」という米国の悲鳴と言っていい。中国の軍事力は、米国でも、もはや一国では手に負えない存在になっており、同盟国が結束してこれに対峙する必要がある。中国に対峙する上で米国の力は欠かせない。米国を孤立主義に先祖返りさせないためにも、日本としては当然、応分の負担と努力が求められる。ここに「反撃能力」整備の意味がある。

メディアも視野を広く保ち、国際情勢を俯瞰しながら論を進めてもらいたいものだ。

「専守防衛」という曖昧な政治造語が生む誤解と弊害

我が国防衛の基本政策に「専守防衛」がある。この問題点については、第一章で述べた。だが、近年矛盾が顕在化してきたにもかかわらず、金科玉条、神聖不可侵の如く扱われているので、あえて重複を厭わず述べる。

「専守防衛」については、冷戦時の戦いが「フィクション」であった「基盤的防衛力構想」の時代はあまり問題にならなかった。だが、ウクライナ戦争や台湾有事など、戦いが「リアル」になった今日、弊害が目立つようになっている。もうそろそろ名前も含め、見直すべき時に来ている。

先ず、「専守防衛」とは何か。『防衛白書』は次のように説明する。

「専守防衛とは、相手から武力攻撃を受けたときにはじめて防衛力を行使し、その態様も自衛のための必要最小限にとどめ、また、保持する防衛力も自衛のための必要最小限のものに限るなど、憲法の精神に則った受動的な防衛戦略の姿勢をいう」

重要な点は、「相手から武力攻撃を受けたときにはじめて防衛力を行使」することであり、「受動的な戦略姿勢」であることだ。

だが、「防衛力の行使」には「守る」だけでなく、武力攻撃を撃退する「攻撃」も当然含まれる。

メディアの批判が出る原因の一つとして、「専守防衛」について、名が体を表していないことがある。「専守」と言えば誰しもが「専ら守る」と理解しても不思議ではない。英語訳でも"Exclusively Defense-Oriented Policy"(直訳すると「専ら守るのみの防衛政策」)としている。おかげで、「一切の攻撃兵器を持ってはいけない」「防御のための兵器でなければならない」と誤解している人も多い。だからこそ、「敵基地攻撃」「反撃能力」と言った途端、「専守防衛を逸脱するのではないか」などと言いだすことになる。「反撃能力」の保有について、あえて社説の小見出しで「『専守』堅持という詭弁」(東京新聞)と煽るメディアもあるくらいだ。これらは名が体を表していないことから生じる理解不足に起因する。

だが、「武力攻撃を受けたときにはじめて防衛力を行使」するということは、「専ら守る」とは明らかに違う。

「専守防衛」は国際用語ではなく、国内でのみ通用する曖昧な政治的造語で、1970年に初めて『防衛白書』で正式用語として使われた。日本では耳に心地よい響きがあるだけに誤解され、虚構を生み、同床異夢を生じさせてきたが、国際的にはまったく通用しない。

しかもこの「誤解」が原因で、安全保障論議を不毛なものにしてきたことは否めない「名」が「体」を表さない「専守防衛」という造語は、速やかに国際的にも通用する「戦略守勢」と変更すべきだ。国際社会と常識を共有することで、同床異夢的な認識のズレを防ぎ、まともな安全保障議論ができる状況を作るべきだろう。

これもあえて繰り返すが、「専守防衛」の後段の文脈にある「必要最小限」の規定は、明らかに非合理的であり、早急に再定義する必要がある。特に「その態様も自衛のための必要最小限にとどめ」のところは直ちに改めなければならない。

平時の災害派遣や領空侵犯措置でも、防衛大臣は必ず「全力を挙げて国民を救え」「全力を挙げて主権を護れ」と訓示する。有事に「必要最小限の態様で」日本を守れという防衛大臣がいるだろうか。あり得ないことだ。

心ある政治家は、その非合理性を理解している。だが、誰も手を付けようとしない。憲法論議にまで議論が及ぶからだ。

これは国家防衛に命をかける現場の自衛官にとっては、深刻な問題なのである。明文化された国家の方針というものは、現場にとって神聖なものであり、とてつもなく重い。政治的な「まやかし」は速やかに再定義しなければならない。

「保持する防衛力も自衛のための必要最小限のものに限る」という規定自体、軍事的には非合理的ではあり、まやかしに近い。一体「必要最小限」は誰が、いつ判断するのか。「鶏を割くに焉《いずく》んぞ牛刀を用いん」という故事がある。小さなことを処理するのに、大げさな手段を取る必要はないというたとえである。だが戦争や危機にあっては、常に「牛刀」が求められる。危機は予測がつかないからこそ危機である。予測がつかないから、何が「必要最小限」か分からない。危機においては最悪の事態に備える必要がある。

戦争抑止を追求するならば、必要かつ十分な防衛力が必要となる。「必要最小限」と判断したが、結果的に国民を守れなかったでは済まされない。「必要最小限」にこだわれば、「戦力の逐次投入」の恐れがある。「戦力を小出しにした結果、小さな敗北が積み重なって大敗に至る」のは最悪の戦術である。

1942年の「ガダルカナルの戦い」では、その「戦力の逐次投入」で大敗し、数万の貴重な兵士を失った。

自衛隊は有事、平時を問わず、国民を守るのに全力を尽くす。「必要最小限」というのは、軍事的合理性を無視した政治的偽善であり、「まやかし」に過ぎない。

その非合理性の欠陥が、反対派をして「反撃能力」を条件反射的に「専守防衛の形骸化、空洞化」「揺らぐ専守防衛の原則」との非難を許す結果となっている。これに対する正々堂々の反論を躊躇させているのも非合理な定義のせいでもある。結果的に日本国内の安全保障論議を稚拙にしているのは否めない。「戦略守勢」とは、武力攻撃を受けて初めて立ち上がるのは同じだが、「必要最小限」ではなく「合理的」であるところに違いがある。

しかも、国際的にも通用する用語だ。

「専守防衛」について、早急な名称変更及び再定義が必要である。

自衛官の声を聞け!

2022年に凶弾に倒れた安倍元首相は、総理在任中の2017年に「憲法9条の1項、2項を残しつつ、自衛隊を明文で書き込む」という「加憲」を提案した。これに対する賛否は、護憲派だけでなく改憲派からもあった。胸元をえぐる、思いもよらぬ予期せぬクセ球だったということだろう。

その後、加憲案の是非の議論も下火になっているが、一自衛官OBとしては加憲案も大いに歓迎で、少しでも現行憲法と自衛隊の存在の間にある矛盾を減じてもらいたい。

もちろん、加憲よりも理想的な案はいくらでもある。自民党の改憲草案のように、2項を改正して「国防軍」にし、「戦力」としてオーソライズして「交戦権」を認めるというのは、まさにあるべき姿だ。だが現実の国内政治情勢を考えた場合、これでは改正には至らないだろう。元防衛大臣の石破茂氏は「自民党草案では通りっこない、というのは敗北主義だ」と述べた。きれい事を言っても、しょせんそれは現実を無視した理想主義である。「いや、通るのだ」と言うならば改憲までの秘策を行程表で示すべきだろう。

特に政治家に言いたいのは、理想ばかり唱えていても、結果が出せなければそれは書生論に過ぎず、ましてや政治ではないということだ。

改憲派からの加憲案への否定的意見には、例えば3項を追加して自衛隊を明記しても、「戦力」と「交戦権」を否定した2項と整合性がとれるのか、という問題を指摘するものもあった。

引き続き「交戦権」を否定された「戦力なき自衛隊」を明記するだけになるのではと保守派が危惧を抱くのはよく理解できる。改憲論議を本格的に開始して、そこの知恵を出すのが政治であろう。筆者は法律の専門家ではないので今後の議論を待ちたいが、追加する3項については、2項にかかわらず、国家防衛と国際平和協力活動に限って、自衛隊を戦力と認め、そして交戦権も認め、2項を上書きする方法もあるのではないかと素人なりに思う。

また、名称について「自衛隊」という名前が気に入らないという人は、特に自衛官OBに多い。筆者は「自衛隊」という名前には別にこだわらない。ただ、英語に訳すと「Self Defense Force」となっているのは改正しなければならないと考えている。

国際的にみると「Self Defense Force」とは、自分だけを守る「Selfish Defense Force」、つまり自国のことしか考えない利己的な軍隊と受け取られるからだ。憲法前文には「自国のことのみに専念して他国を無視してはならない」とある。このネーミング自体、「憲法違反」であり是正しなければならない。

この是正はそう難しくない。「自衛隊」の日本語名はそのままでいいから、英語訳を「Defense Force」に変えるだけでいい。階級章や部隊の呼び名では、すでにその措置は実施されている。現在、「一佐」は「Colonel」（大佐）と呼び、「普通科連隊」を「Infantry regiment」（歩兵連隊）と呼んでいる。政府専用機が総理大臣を乗せて国外に飛ぶときのコールサインは「Japan Air Force 001」（日本空軍００１）だ。このように、「Defense Force」と変えればいいだけの話だ。わざわざ憲法改正に関連づける必要もなく、政治主導で直ちに実施すべきであり、できることでもある。

また、先に述べた「軍法」についても、「加憲だけでは問題は残る。問題改善がなされず、現状と同様、『交戦権』もない『戦力なき自衛隊』の存在だけが3項に明記されるだけであれば、それは『改悪』だ」という人さえ、保守層に多い。

だが、筆者はそうは考えない。そうならないよう、議論を尽くしてもらいたいが、たとえ「交戦権」が認められない「戦力なき軍隊」でありつづけたとしても、自衛隊の存在が憲法に明記されるということは、現状に比べれば一歩前進には違いない。１ミリでも進めばそれは前進なのだ。

議論を尽くした上であれば、それは国民の選択だし、尽くされた議論で問題点が国民の知るところになることの意義は大きい。

憲法へ「自衛隊」を明記する意義として何よりも大きいのは、第一に違憲の余地を排除する点にある。神学論争、あるいは不毛な安保論議に終止符を打つことこそ、極めて重要なのではあるまいか。

自衛隊員に誇りと名誉と社会的地位を

そして第二に、隊員に誇り、名誉、社会的地位を与えるという点だ。

自国の軍隊の「制服」に胸を張れない国は、世界中どこを見渡しても日本だけだろう。イラク派遣の際、隊員たちを現地に送るのに日航、全日空がチャーター便を出すことに逡《しゅん》巡《じゅん》し、なんとか応じてくれた後も「迷彩服は止めてください、私服、あるいは背広で乗ってください」と信じられないような条件を付けられた。最近、南西諸島に自衛隊の部隊が創設された。ここでも自衛隊員に対し「外出の際は迷彩服は着ないように」といった声が上がっている。これで隊員の誇りが傷付かないはずがない。

名誉についてさらに例を挙げよう。自衛隊の最高位である統合幕僚長（統幕長）は、70歳以降に瑞宝大綬章（旧勲二等）が授与されることになっている。一方で、在日米軍司令官は、離任の際、旭日大綬章（旧勲一等）が授与される。

階級から言えば米軍司令官は中将、統幕長は大将。日本人よりも階級の低い外国の軍人

航空支援集団司令官として迎えた離任式にて

2009年の退官時、部下に見送られる筆者

に、日本人より等級の高い勲章を与えるのはいかにも卑屈で、今なお、占領軍の支配下にあるような錯覚に陥る。同時に自衛官の身分を政府が蔑《さげす》んでいるようにいるように感じられる。早急に改善すべきだろう。

ついでにもう一つ言っておきたい。徴兵制の議論になるたびに、「そんなことにはならない」と否定するのはよい。だがその根拠として「憲法で苦役の強制が禁じられているから」と政府が説明するのには、率直に言って不満がある。自衛官の仕事、国防の任は「苦役」なのだろうか。

筆者は徴兵制には反対の立場である。

近代装備で固めた組織を維持する上で、徴兵制では不都合をきたすことの方が多いと考えるからだ。「一定年齢以上の日本国民」という条件だけで集まってきた隊員を教育するのは、時間、労力を考えれば至難の業である。

政府が徴兵制の導入を考えていないなら、こうした理由を列挙すべきで、「苦役が禁じられているから」という必要があるのか、甚だ疑問だ。

何より、これを聞いた隊員達は「なんだ、我々の仕事は苦役かよ」と思うのではないか。災害派遣で国民を助けるのは苦役なのか。連日スクランブル発進して尖閣を守っているのは苦役なのか。隊員の名誉を著しく貶《おとし》め、士気を低下させていると言わざるを得ない論法だ。これはＯＢだけではなく現役隊員たちの率直な気持ちを代弁するものである。

ましてや日本の安全保障環境は、ここまで述べてきた通り極めて厳しいものになっている。現場の士気を高くし、質の高い人材を入れなければ我が国の防衛は立ち行かなくなる。

少子化の影響もあり、自衛隊は深刻な募集難に直面している。部隊も定員割れの状況が常態となっている。防衛費を倍増しても人が集まらなければ、防衛力の抜本的強化は不可能である。

自衛官に誇りと名誉を、そしてしかるべき社会的地位を与え、国民からリスペクトされる存在にしなければならない。それがひいては、胸を張って自衛隊に志願する若者を生み、募集難が解消される状況につながるのだ。

「軍からの安全」から「軍事による安全」へ

憲法改正の影響は、当然のことながら自衛隊だけにはとどまらない。加憲であっても、憲法改正が発議されれば国民投票が行われることになる。初めての国民投票が、自衛隊の違憲論争に終止符を打つための国民投票となれば、当然、国防についての議論が国民の間に広がるに違いない。これは国民の国防意識の向上にもつながるはずだ。

以前、筆者が講演する会場に広島県の校長を務めた方がおられた。講演後、学校での国旗掲揚にまつわる話を聞かせてくれた。広島ではこれまで、公立学校での国旗掲揚が教職員や住民の激烈な反対に遭い、複数の校長が自殺に追い込まれてきたという。ところが1999年に国旗国歌法ができて以降、不幸な自殺はなくなった。今では小中高の公立学校で日の丸が揚がっていないところはない、というのだ。

つまり法的にオーソライズすると反対論が少なくなり、国旗掲揚はごく自然な、まっとうなことであると理解されるのだろう。要するに、国旗掲揚は当然、という国民意識になるのだ。

同様に、自衛隊も違憲の疑いがなくなれば、自衛隊を不当に貶める言動に終止符が打たれ、安全保障論議の質も向上することになろう。つまりこれは、「法的安定性」がいかに国民に影響を及ぼすか、という事例なのである。

よく、「国防は最大の社会福祉だ」、あるいは「平和は与えられるものでなく勝ち取るものだ」と言われる。だがこれらのことが成り立つ前提は、現場があってこそだ。現場が士気高く、しっかり動いてこそ国防、安全保障は成り立つのは言うまでもない。

いくらきれい事を言っても、予算をつけて重装備を実現しても、現場がやる気を失えば安全保障は成り立たない。また現場のやる気には、国民の支え、理解が必要不可欠なのである。

そのためには、何よりも自衛隊を憲法に明記し、現場が自分たちの存在を憲法の観点から疑うことなく、誇りを持って任務に就くことが肝要だ。それが「国のために頑張ります」と言って、自衛隊に入隊する新しい隊員たちにつながるのだ。

自衛隊は発足時から、政治によって「がんじがらめに縛って動けないようにする」ために統制され続けてきた。第二次大戦のトラウマから、「軍隊というものは暴走する、自衛隊は軍隊だ、だから自衛隊も暴走するはずだ。このためには自衛隊を縛っておかねばならぬ」という発想になり、これが憲法や自衛隊法の根本理念になってきたと言っても過言ではない。

だが本来は、自衛隊を有効に使って国民の生命財産を守れるようにしなければならないはずである。これからは「軍からの安全」の発想ではなく、自衛隊をうまく使って安全を確保する「軍による安全」の発想を持たなければならない。正しい意味でのシビリアンコントロールを確保し、国民一人ひとりの安全を図っていかなければならないのだ。

「人権」も「人道」も「国防」なくしては守れない。自分自身を守るための国防は最大の社会福祉であるということを、国民全員が理解しなければならないだろう。

いくら理想的な憲法を掲げ、「日本は戦争を放棄する」と言っても、戦争が日本を放棄してくれない。現にロシアはウクライナに侵攻し、中国は台湾侵攻を否定せず、北朝鮮は核実験を行い、ミサイルを連発している。現実を直視し、抑止のための適切な対応をしなければならない。平和は得るものではなく、努力して勝ち取るものである。

何よりも、自衛隊を志した若者たちが、制服で堂々と胸を張って制服を着て街を闊歩《かっぽ》できるような日本にしなければならない。それは政治家だけの仕事ではないのだ。

第五章

国民の意志こそが国防の「最後の砦」

安全保障は「一人ひとり」の思考から

40年前のことである。アメリカに留学中、隣家の主婦に「アメリカの安全保障」について質問したことがある。内容はともかく、滔々《とうとう》と自説を述べる姿に感動した。帰国後、近所の主婦に「日本の防衛」について質問したら「反対」と返ってきた。この落差に大変失望したことを覚えている。

こうした状況は、この40年でどの程度変わっただろうか。

ここまで述べてきた通り、日本を取り巻く安全保障環境は厳しいものになる一方だ。ロシアによるウクライナ侵攻、北朝鮮の核・ミサイル、中国の力を振りかざした権威主義的動向などにより、日本人の意識にも徐々に変化がみられる。

だが相変わらず「平和」という言葉は乱用気味で、それを確保する具体策になると人々は口を閉ざす。「憲法9条を守ってさえいれば、平和が維持できる」と言う人もいまだに多い。

日本が戦争を放棄しても、戦争が日本を放棄してくれないと、述べた。最悪に備えて抑止力を高めなければならない。ウクライナを見るまでもなく、ひとたび有事となれば、取り返しのつかない悲惨な状況になる。

先日、テレビで「平和のためにはいくら税金をつぎ込んでもいいが、ミサイルにつぎ込むのは、チョットねぇ……」とコメンテーターが語っていた。「あなたの言う『平和のため』の具体策とは？」と聞きたくもなる。

何より、戦争抑止のためにあらゆるリソースを突っ込む方が、戦火から立ち直るよりもよほど安価で安全である。もちろん、死者はどれだけのコストをかけても戻ってこないのだ。

誰しも戦争より平和がよいに決まっている。だが「平和」をいくら叫んでも、「戦争反対」を連呼しても平和は得られない。平和は叫んでいればやってくるものではなく、努力して獲得するものである。「汝、平和を欲すれば戦争を準備せよ」というラテン語の警句が告げる通りなのだ。

2022年末の戦略3文書改訂に向けた有識者会議で、メディア出身の委員が「戦わないために、戦える備えを常にすることだ」と述べていた。さすが有識者と感心したが、現役記者時代に主張してもらいたかった。

国防や安全保障は本来、逆説的なものである。懸念される事態に万全の体制で準備しておけば、そのような事態は発生しにくくなる。それが抑止力であり、平和を獲得する最良の方策である。

筆者はそれを信じ、自衛官として、戦闘機操縦者として、人生の半分を国防に捧げた。退官の日、厳しい訓練で磨いた技を使う機会がなくてよかったと心底思った。「何事もない」ことの大切さを身にしみて感じながら、「我が汗、無駄なれ」と今日も訓練に汗している後輩たちがいる。国民からの理解や応援が、後輩たちの一番の励みになるはずだ。

戦後「軍事」や「戦略」の文字が大学から消えて久しい。「国防」をタブー視することが平和国家・日本にふさわしいとする空気は、いまだ社会に蔓延している。特に学者が集う日本学術会議が「軍事研究を行わない」と標榜している悪影響は大きい。

防衛省が実施する安全保障技術研究推進制度（先進的技術の基礎研究を公募する制度）には異を唱えながら、中国に招聘されたら人民解放軍下の国防七大学で研究を実施しているのは大きな矛盾だ。中国軍ならよく、防衛省ならダメとする合理的な理由があるのか。学問には国境はないという。だが、学者には祖国があるはずだ。

そもそも日本で軍事研究をすれば、日本が再び侵略戦争をするとでも本当に思っているのだろうか。象牙の塔に籠っていないで、広く国際情勢に目を向けてみてはどうか。

戦争中、悲惨な体験をし、戦後には住む家もなく、ひもじい思いをした先人たちが「戦争」や「軍事」という言葉に、条件反射的に「反対」し、思考停止するというならば理解できないわけではない。だが見たくない戦争から目を背けず、戦争を未然に防止すべく国際社会と連携し、時には血を流す覚悟も持たなければ平和は勝ち取れない。

「自助」を喪失した日本人

安全保障の丸投げ姿勢は、国民から「自分自身の安全を守る」意識すらも奪ったのかもしれない。

2023年3月、北朝鮮が発射したミサイルが日本の領域内に落ちる可能性があると判断し、政府は全国瞬時警報システム「Jアラート」を発令した。結果的には日本に落ちることはなく、被害はなかった。だが、実は防衛省が「初めて日本領域内への落下が懸念される事例だった」と発表するほど緊迫した事態だった。

ところがメディアやSNSでは、「なぜJアラートを鳴らす必要があったのか」と非難する声が上がった。ミサイルを飛ばした北朝鮮に対してではなく、国民に警鐘を鳴らした政府への批判が、国内から上がったのである。

これは初めてのことではない。2017年8月に北朝鮮が中距離弾道ミサイルを飛ばし、津軽海峡上空を飛翔した際も、政府は「Jアラート」を発出した。さらに、実に年間70発近いミサイルを発射した2022年も、Jアラートが鳴るたびに批判の声が上がった。

批判だけではない。虚実混ざったコメントや情報が垂れ流され、ミサイルや安全保障に対する本質的な議論が深まるどころか、事実誤認が広がる始末だった。

議論が盛り上がるのは決して悪いことではないが、少なくとも事実に基づいて行われる必要がある。

Jアラートに対する批判で多いのが次のようなものだ。

「警報が出されてからミサイルが実際に飛んでくるまでには、数分しかない。だから鳴らしても意味がない」

「地下や頑丈な建物の中に避難しろと言うが、近くにない場合はどうするのか」

そもそもJアラートは、対処に時間的余裕がない弾道ミサイル攻撃等についての情報を、国から住民に伝達する全国瞬時警報システムである。

日本の弾道ミサイル防衛は、「SM3」ミサイルによって大気圏外で迎撃し、撃ち漏らしたミサイルを「ＰＡＣ３」ミサイルで迎撃するという二段構えの態勢を取っている。だが飛来する弾道ミサイルを１００％撃ち落とすのは難しい。また近年は迎撃が困難な変速軌道のミサイルなども登場している。

国民には弾道ミサイル防衛体制に依存するだけでなく、自らを守る「自助」の行動が求められる。このために、住民に早期の退避や予防措置などを促し、被害軽減に貢献することがＪアラートの役目なのだ。

確かに、Ｊアラートが鳴ってからミサイルが頭上に到達するまで数分しかないのは事実である。また地方には、地下や頑丈な建物が近くにないのもその通りだろう。だからと言って、Ｊアラートは無意味だとするのは誤りだ。

戦時下のウクライナでは、当然、ロシアからの攻撃を探知すれば空襲警報が鳴る。当たり前のことだが、警報を鳴らしたことに対してウクライナ国民から「うるさいからやめろ」「逃げる時間が短くて意味がない」などと言う声は上がらない。

日本が見習うべきことは多い。ウクライナの空襲警報はその後、空襲の危険がなくなった時点で、速やかに「警報解除」を伝えている。日本でもＪアラートを鳴らすだけでなく、危険がなくなった時点で、直ちに「Ｊアラート解除」を流した方がいい。

確かに、警報が鳴ってから実際の被害が出るまでの時間は短い。だが今自分が置かれた環境の中で、数分間あれば何ができるか。自らを守るための最適の行動を自らが考える。まさに「自助」、つまり個人の危機管理が問われているのである。

「避難できるような場所などほとんどない、Ｊアラートなんて無意味」と思考停止するのは、まさに「安全保障をワシントンに丸投げし、自分の身を自分で守ることを忘れた戦後日本人」そのものと言える。

弾道ミサイル防衛という危機管理

「どうして落下地点を予測できないんだ」「日本に落下するかどうかすら瞬時に察知できないのでは意味がない」という批判がある。弾道ミサイル防衛システムに対する無知から生じる言葉である。

弾道ミサイル防衛システムの特性から少し解説しておこう。

弾道ミサイルが発射されても、ブーストフェーズ（ブースターが燃えている段階）では着弾地点は分からない。ブースターが燃え尽きた時点で、初めてミサイルの着弾地点が分かる。

ブーストフェーズで分かるのはおおむねの方向だけで、「日本国内に落下するかどうか」は分からない。そのため、「落下する可能性がある」複数の県にまたがって広域にＪアラートが発出されるのだ。

北朝鮮から弾道ミサイルが発射されると、例えば関東地方に着弾する場合であれば、時間は約10分程度に過ぎない（通常軌道の場合）。

ただでさえ余裕がないのに「確実に日本に落下することが判明した時点」まで待ってＪアラートを鳴らしていたら、国民が自助行動をとる時間的余裕はますます短くなる。

だからこそ、ミサイル発射を感知し、おおむねの方向が分かった時点で、対象地域に広くＪアラートを発令するのだ。これは危機管理上も正しい。優先されているのは正確性ではなく、迅速性なのだ。

それでも『『鳴らしたが違うところに落ちた』というような空振りが続けば、オオカミ少年になる」という指摘もある。「今度こそ本当に落下してくるという時に、国民が『どうせまた落ちてこないのだろう』と警報を軽視し、被害を受けるのではないか」と言うのももっともらしい。だが、危機管理には「見送り三振」より「空振り三振」を是とするリテラシーが求められることを理解しなければならない。

PAC-3(地対空誘導弾ペトリオット)

PAC3による迎撃も完璧ではない　出典・航空自衛隊ホームページ

現在の弾道ミサイル防衛システムでは、必ず打ち漏らしが生ずる。だからこそ、Jアラートで警報を鳴らし、「自助」の行動が求められる。

2023年4月、北朝鮮が発射を予告した「軍事偵察衛星」の一部が日本に落下する可能性があると判断し、政府は沖縄の石垣駐屯地にPAC3配備を指示した。だがこれに対しても、「備えをすることでむしろ狙われる」「沖縄の島の軍事要塞化を許すな」といった荒唐無稽の反対論が出た。警報は鳴らすな、防衛システムも不要、で一体、どうやって国民の命を守れるというのだろうか。

弾道ミサイル防衛は政府だけがやるも

のではない。国民は「お上体質」から脱却して、自分の身は自分で守る意識を持つ必要がある。

危機管理にベストはない。あれもない、これもないという環境下で最悪の事態を想定し、被害の最小限化を図り、自分を守る。

立っているよりしゃがんだ方がいいし、しゃがむよりは伏せる方が被害は少ない。ミサイルが着弾するまでの数分間、自分を守れるのは自分しかいない。最後の最後に自分の命を守れるのは、政府ではなく自分なのだ。

これは弾道ミサイル防衛だけではない。国防とは本来、そういうものなのだ。自分の国は自分で守るという「自助」が先ずあるべきで、同盟国同士の「共助」や、国連の安全保障体制のような「公助」はその後ろに続く。

もちろん、弾道ミサイル防衛体制の整備、シェルターの整備、反撃能力の保有などは「お上による公助」としての重要な役割だが、最後は自分しかいない。自分の身は自分で守るという当事者意識が先ず求められるのだ。

サイバー戦まで「専守防衛」！

こうした「国民一人ひとりの国防意識」が必要なのはミサイル防衛に限らないことはすでに述べた。

ロシア、中国が軍事作戦と区別をつけずに日頃からインターネットなどを介して行っている「サイバー戦」や「認知戦」に関して言えば、平時と有事の区別はなく、標的は日本国内の情報であり、その情報を扱うメディアや、日本国民一人ひとりと言っても過言ではない。

2022年6月、イギリスのメディアは、ロシアによるウクライナ侵攻以降、米軍がウクライナ支援のためのサイバー攻撃を実施してきたことを伝えた。米サイバー軍のポール・ナカソネ司令官は「(ロシアに対する)攻撃的な作戦を実施した」「攻撃・防御・情報面の作戦などあらゆる領域で一連の作戦を実施してきた」と述べた。

この一連の作戦は、ロシアのサイバー攻撃によるインフラの破壊や、ウクライナ国民への情報遮断、あるいは情報攪乱《かくらん》を防止することを指す。

アメリカはロシアと戦争状態にあるわけではないのに、と日本ではいぶかしがる向きもあるが、これがサイバー戦の現実である。「なぜアメリカが」と奇異に感じる感覚こそ、国際常識からずれている。

サイバー攻撃は物理的破壊ではない戦闘領域で使われる有効な武器である。同時に「諜報活動」でもある。米国防省の担当者は「国際慣習法が内政干渉や武力行使に至らないサイバー攻撃を禁じているとの国際合意はない」としている。

サイバー空間には国境もなければ、平時・有事の区別もない。時間の概念さえなく、日常静かに、熾烈な暗闘が繰り広げられている。

筆者は数年前、米軍の「サイバー司令塔」を訪問した。特別に作戦室の見学が許され、サイバー戦の実態を目の当たりにした。中国、ロシア、北朝鮮などによるサイバー攻撃が日常的に行われている現実に驚愕した。

2021年の東京五輪期間中、大会運営にかかわるネットワークなどに5億4000万回ものサイバー攻撃が加えられたとも言われている。平和の祭典の裏で、想像を絶するほど熾烈な攻防が起きていたことになる。

自衛隊にサイバー専門部隊が発足したのは2014年のことだ。この部隊はあくまでも自衛隊に対するサイバー攻撃からシステムや情報を守るものであって、自衛隊以外へのサイバー攻撃を防護する任務はない。しかも、現行法制上、自衛隊は自身を守ることにおいてさえ、十分な対応が取れない現状がある。

サイバー戦にかかわる日本の対応について、2020年4月、河野太郎防衛大臣（当時）は「サイバー空間でも専守防衛が前提で、関係する国内法、国際法を順守する」との考えを示した。そして他国からのサイバー攻撃に対し、自衛隊が反撃する可能性としてアメリカの例を参考として挙げている。

例えば国内の電力会社のネットワークや航空管制システムが乗っ取られるなどした結果、①原子力発電所の炉心溶融、②航空機の墜落、③人口密集地の上流のダム放水、などが起こった場合に反撃できる、としている。

自衛隊は原発や電力会社をサイバー攻撃から守る任務を与えられていない。有事だからと言われても、平時から訓練していないことはできない。

さらに大きな問題は、サイバー攻撃も他の武力攻撃事態と同列に扱い、「物理的手段による攻撃と同様の極めて深刻な被害が発生し、組織的・計画的に行われている場合」に限って反撃ができるとした点だ。

逆に言えば、「物理的攻撃と同等の被害」が生じるまで、自衛隊は反撃できない。この「ガラパゴス的」対応は、「反撃は専守防衛の逸脱」とする「専守防衛の軛《くびき》」そのものである。

サイバー攻撃を受ければ、平時・有事を問わず、また物理的被害の有無にかかわらず、主権侵害との前提で即座に反撃するのが国際常識だ。最も重要なことは、相手のネットワークやサーバに入り込んで発信元を突き止めること（アトリビューション）である。これにより敵と意図を突き止め、反撃手段を講じて再攻撃を抑止する。アクティブ・ディフェンスと呼ばれるサイバー戦のイロハである。

だが自衛隊は専守防衛と通信の秘密を保証する憲法に阻まれ、この「イロハ」さえ実施できないのが現状だ。

サイバー攻撃は犯罪なのか、侵略行為なのか判別しにくい。にもかかわらず、他の武力攻撃事態と同様、「有事」と認定しない限り、自衛隊は身動きが取れない。

新たな国家安全保障戦略では、サイバー攻撃を未然に防止し、攻撃が発生した場合の被害拡大を防止するため、「能動的サイバー防御」を導入することを決めた。

平時からこれを実施するためには、憲法21条の解釈変更、専守防衛の再定義、関連法改正などが喫緊の課題となる。

いずれにしろ原発の炉心融解のような物理的攻撃が生じるまで反撃しないことはサイバ

ー戦の敗北を意味する。深刻な物理的被害につながるまで、指をくわえて待っているわけにはいかない。しかもその被害は、「戦場」ではなく「日常」の生活空間に及び、被害を受けるのは国民なのだ。速やかな法整備が求められる。

「自衛隊が世論工作」の嘘

物理的な被害をもたらすのではなく、サイバー空間を通じて、相手の心や認識を対象に攻撃をしかける「認知戦」についても警戒が必要だ。台湾有事に際し、中国が行う「抵抗の意思を挫く」偽情報の流布などについては、第二章でも指摘した。こうした情報による世論の撹乱といった「影響力工作」は、日本に対しても起こり得る、いやすでに起こっているといっていい。

ロシアによるウクライナ侵攻の直後から、日本では「ロシアには勝てないのだから、ゼレンスキーはウクライナ国民を煽るのではなく、早期に降伏すべきだ」との声が有識者から上がった。これがロシアの「認知戦」の一環だったとは言い切れないが、こうした情報に認知をゆがめられ、「ゼレンスキーは国民を戦争に駆り立てている」と吹聴するものがネット上では散見された。

２０１４年、ロシアがクリミアに侵攻した際には、ウクライナ国民のスマートフォンに直接、ロシアが偽情報を流し、３週間でクリミア半島を事実上無血併合した。戦域は手元のパソコンやスマートフォンなどのデバイスにまで達している。戦争はもはや、軍人だけが戦えばいい時代ではなくなった。国民意識の啓発、情報を見定めるリテラシーが必要となった。

２０２２年12月、共同通信は「自衛隊が世論工作の研究に着手」と報道した。一部メディアを中心に「自衛隊に都合の悪い情報が国民に伝わらなくなる」「真実が覆い隠される」などとする過剰反応を生んだが、これも「自衛隊に手かせ足かせをはめておかなければ」と考えるリベラルメディアの発想によるものだ。防衛省は「世論工作」については否定するが、戦略３文書にも書かれたように、実際に政府が検討しているのはロシアや中国の偽情報拡散に対抗するための「認知戦対処部隊」の新設である。

国民の付託を受けた自衛隊は、平時から静かに潜行する認知戦に実効的に対応できなければならない。特にサイバー戦におけるアトリビューションの技を磨き、敵となり得る対象の情報を蓄えておくことは極めて重要である。蓄積した情報と分析結果は有効な「武器」となる。その積み重ねこそがサイバー戦の勝利につながる。アクティブ・ディフェンスの体制構築は待ったなしの課題である。

サイバー戦、認知戦、制脳戦といった目に見えない戦いが日常行われているのが現代戦の特徴である。武力行使が行われるときはもう遅い。目に見えない戦いの勝利なくして現代戦の勝利はないのだ。

最後は「国民の意志」

国家の安全保障とは、つまるところ国民一人ひとりが真剣に、主体的に自分の身と、国の行く末を考えることである。

筆者と縁のあった先人たちの話を少し紹介しておきたい。

１０２歳で天寿を全うした父が90歳の時のことである。筆者に「もうそろそろ、ええじゃろう」とばかりに語り出し「実は、わしは戦艦大和を作ってたんじゃ」と打ち明けた。どうやら父は広島の呉工廠《こうしょう》で戦艦大和の建造に携わっていたらしい。

「大和については、家族にも一切話してはならぬ、と命ぜられていたんじゃよ」

そう述べた父は、最後に「わしももう長くないからな」と打ち明けた理由を付け加えた。

筆者は大変驚いたものだった。国家（海軍）の命令を、帝国海軍が消滅した戦後70年間も律義に守り続けてきた。しかも戦後生まれの筆者に対してまで、かん口令を守り通すとは。

父が亡くなる2年前、同じ大正生まれの小野田寛郎氏が亡くなっている。小野田氏は旧陸軍の軍人で、情報将校としてフィリピンのルバング等に赴任した。師団長の横山静雄中将から「玉砕は一切まかりならぬ、3年でも5年でも頑張れ。必ず迎えに行く」と訓示を受けたという。戦後も29年間、孤立無援でゲリラ戦を戦った。

手に入れたラジオで戦争が終結したことは気づいていたらしい。冒険家の鈴木紀夫氏によって発見され、帰還を促された。だが任務解除命令がない以上、任務を放棄できない。結局、元上官である谷口義美氏（元陸軍少佐）による任務解除命令を受領して投降した。

両者に共通しているのは、国家と個人が一体となった「大正人」ということだ。父は大正3年生まれ、小野田氏は大正11年生まれである。先の大戦では、大正人の7人に1人が戦没している。戦後復興の原動力も大正人が主力だった。

父には9歳年下の弟がいた。海軍パイロットとして、1943年太平洋のギルバート諸島上空で散華した。父は弟を思い、靖国神社にしばしば参拝した。最後の参拝は90歳後半だったと思う。杖を突きながら気丈に昇殿参拝を果たした父が、その時にぽつりとつぶやいた。

「なんで靖国参拝に反対するんじゃろうのお」

現役時代、ある懇親会で小野田氏と同席させていただいたことがあるが、その時、小野田氏から同じ言葉を聞いたのを思い出した。

大正人にとって国家と個人は一体で、国家に尽くすことは、自分に尽くすことである。国家に命を捧げた場合、国は永遠に死後の面倒を見る。そういう暗黙の約束になっている。「なのに何だ」と憤懣《ふんまん》やるかたない思いが感じ取れた。

国に殉じた先人に対し、国民が尊崇と感謝の念を示すのは世界の常識である。アメリカではアーリントン国立墓地に、韓国では国立顕忠院に、フランスでは凱旋門の無名戦士の墓に、国家のリーダーは参拝する。外国の要人も、来訪時には参拝する。これが国際的に共通の儀礼である。

岸田文雄首相は2023年1月の訪米の際、アーリントン墓地に参拝した。5月の訪韓の際には顕忠院で献花した。だが岸田首相は就任後、靖国神社に参拝したことがない。

いかなる事情があるにせよ、国家のリーダーが自国のために命を捧げた先人に追悼の誠を捧げないのは異常である。異常を異常と感じなくなる時、国家と個人の一体感は失われ、国家意識は溶解していく。国家意識が希薄化すれば、当然「犠牲」「勇気」「名誉」という普遍的価値は喪失し、我欲は限りなく肥大化する。国家あっての人権、人道、社会福祉であり、祖国あっての個人であるという当たり前のことが理解できなくなるのだ。当然、国防のことなど誰も理解できなくなる。

「平和の維持のために、戦争について考えよ」

２０２３年３月、令和５年度予算が成立したが、国会での安全保障論議は見る影もなかった。本書でもここまでに取り上げてきた安保３文書の改訂、防衛費のＧＤＰ２％、反撃能力の保有が２０２２年暮れに閣議決定されたが、野党は「満足な議論もせず、民主主義を破壊する行為だ」と批判した。

しかしながら、国会開会中も十分な時間があるにもかかわらず、表層的で枝葉末節な質疑に終始した。参院ではウクライナ戦争、台湾有事もそっちのけで、行政文書を巡っての「コップの中の嵐」に終始する体たらくだった。議論のための時間は十分あった。足りなかったのは時間ではない。足りなかったのは、「国家意識」であろう。選良たる国会議員たちでさえ、国家意識が溶解し、安全保障や天下国家を「議論しない」のではなく「議論できなくなった」のではないだろうか。

もちろん、それは議員たちばかりではない。２０２１年の国際世論調査で「国のために戦うか」という質問に「はい」と答えた日本人は、わずか13・２％だった。国会のあり様は、こうした現実と通底すると思えてならない。

国家という人はどこにもいない。国家とは同胞、友人、知人、そして自分自身のことである。自分自身が国家そのものだという現実に戦後日本社会は目を伏せて来た。その結果、国家意識の希薄化は深刻なまでに進んでいるようだ。

あと数年で、大正人はいなくなり、先の戦争を知る人もいなくなる。国家と自分自身を同一視し、我欲を捨て、公に尽くす大正人の生き様を、今こそ見直すことが求められているのではないか。

「戦争のことを考えさえしなければ、平和が続く」と言った愚昧さから、日本もそろそろ目を覚まさなければならない。考えたくないことを考える。最も起こってほしくないことを考える。これが安全保障の基本である。平和を維持するためにも、この基本に立ち返らなければならない。

織田邦男（おりた・くにお）

1952年生まれ。74年防衛大学校卒業、航空自衛隊入隊。F4戦闘機パイロットなどを経て、83年米国の空軍大学へ留学。90年第301飛行隊長、92年米スタンフォード大学客員研究員、99年第6航空団司令。2005年空将、2006年航空支援集団司令官（イラク派遣航空部隊指揮官）を務め2009年に航空自衛隊退官。2015年東洋学園大学客員教授、2022年麗澤大学特別教授。同年第38回正論大賞受賞。

空から提言する新しい日本の防衛

日本の安全をアメリカに丸投げするな

発行日　2023年8月10日　初版発行

著　　者　織田邦男

発 行 者　佐藤俊彦

発 行 所　株式会社ワニ・プラス
〒105-8482
東京都渋谷区恵比寿4-4-9 えびす大黑ビル7F

発 売 元　株式会社ワニブックス
〒105-8482
東京都渋谷区恵比寿4-4-9 えびす大黑ビル
ワニブックスHP　https://www.wani.co.jp
（お問い合わせはメールで受け付けております。
HPより「お問い合わせ」にお進みください）
※内容によりましてはお答えできない場合がございます。

装　　丁　柏原宗績

企画・編集協力　梶原麻衣子

ＤＴＰ制作　株式会社ビュロー平林

印刷・製本　中央精版印刷株式会社

Printed in Japan ISBN 978-4-8470-7334-2